Mario Desiati

Zementfasern

Ihr persönliches Leseexemplar!

Bitte keine Rezensionen vor dem 24.8.2012

Quart*buch*

MARIO DESIATI

Zementfasern Roman

Aus dem Italienischen von Annette Kopetzki

Verlag Klaus Wagenbach Berlin

Für die Frauen der Via Pio XII

Dies sind meine Leute, und ich werde zu ihnen und zur Liebe meiner Mutter zurückgekehrt sein.

John Fante

Schneidet mir die Pulsadern auf
und macht aus dem Blut
Blumen für mein kleines Mädchen

Stefano Coppola

1975

Das Haus aus Glas

Die Vorfahren hatten ihr Leben damit zugebracht, einen sicheren Fleck Erde zu suchen. Jeder kann auf einen Ahnen zählen, der einen solchen Ort fand und dort seinen Schlupfwinkel baute. Einen Schutzraum, wo man abwarten kann, bis die Zeiten sich bessern, der Wind sich legt, die Luft milder wird, der Sohn erwachsen ist und den Vater pflegen oder ihm die Augen schließen kann. Vielleicht auch einfach einen Zufluchtsort, wo man friedlich einschläft.

Domenica Orlando, die alle als Mimi kannten, lernte das früh.

Sie hieß Domenica, weil das eine mächtige Heilige war, gemartert durch wilde Tiere, zum Leben in Bordellen gezwungen, von scharfen Klingen zu Tode gefoltert. Sie wurde mit einem Schwert aus Metall und Licht dargestellt.

Die Orlando lebten nicht weit von Scorrano, einem Städtchen, das sich alljährlich Anfang Juli zwei Wochen lang einem Fest zu Ehren seiner Schutzpatronin hingab. Es war ein Rausch aus Lichtern, die größte und prächtigste Festbeleuchtung Europas: Unzählige Lichterketten an Giebeln, Pavillons, Fassaden und Spalieren ließen den kleinen Ort von Weitem wie eine Blase aus blendenden Lichtreflexen erscheinen.

Domenicas Eltern kamen abends mit der letzten *littorina*, einer kleinen Triebwagenbahn, im Ort an und hörten die ganze Nacht lang den Musikkapellen zu, die sich unter Baldachinen aus bunt lackiertem Holz abwechselten. Am Morgen bestiegen sie nach der Messe den Regionalzug Richtung Gagliano, der von Wohlgerüchen erfüllt war, von Süßigkeiten und gezuckerten Mandeln, und geschmückt mit Lavendelblüten und getrockneten Olivenzweigen, und ihre Augen waren vom Fest noch immer geblendet.

Im Sommer 1960 erlebten die jungen Eheleute Orlando, Antonio und Rosanna, eine besondere, denkwürdige Nacht. Sie warteten darauf, dass die Lichter angezündet wurden, dann spazierten sie die ganze Nacht lang durch den Ort, bis die Glocken den feierlichen Gottesdienst bei Sonnenaufgang einläuteten. In dieser Nacht sprachen sie lange miteinander unter dem Himmel von Scorrano, das künstliche Licht der Bögen und Spaliere zu Ehren der Heiligen erhellte die Umrisse aller Dinge. In einem Garten neben einer *pajara** machten sie halt, um das Stadttor zu betrachten, die von den Giebeln gezeichneten rechtwinkligen Linien, die dunklen Gestalten der Menschen, die durch die Straßen zogen. Von der Sonne über den Feldern gebräunt und gesalbt von den Lichtern der Heiligen Domenica, schmiegten sie sich mit blitzenden Augen aneinander, Rosanna suchte Antonios Nähe, dann, als sie die Hand auf sein Gesicht legte und ihm mit den Fingerknöcheln über die Wange fuhr, um den dichten Bartwuchs zu spüren, küssten sie sich innig.

So kam Mimi an.

* Die *pajara* ist eine typische Bauform in Apulien. *Pajare* wurden von den Bauern aus Trockenmauern errichtet. Sie erinnern an die Trulli.

Manchmal bewegen die Umstände dazu, bestimmten Phasen unseres Lebens eine Überschrift zu geben. Mimi nannte ihre Jugend »die Zeit im Haus aus Glas«.

Durch eine dünne, mit Kondenswasser beschlagene Fensterscheibe, über die sie gerne mit den Fingerspitzen Striche zog, erblickte sie das Schicksal der kommenden Monate. Ein schwarzgekleideter Mann schritt über die Felder, seine Gummistiefel sanken im Boden ein. Von draußen drang ohrenbetäubend lautes Donnergrollen, das ein Sommergewitter ankündigte. Die Blitze kamen aus der Wolkenwand gegenüber dem Rio, wo die kleinen Äcker der Bauern lagen. Mimi hatte immer in einem von Olivenbäumen und Zichorie umgebenen Häuschen gelebt, aber noch nie hatte sie einen so fahlen Himmel gesehen, einen von Blitzen durchzogenen Himmel, spinnwebfeine Zeichen mit nervös zuckenden Enden, die roten Fäden von Arterien und Muskeln wie in einem Schulbuch der Naturwissenschaften. Als Hagelkörner träge auf das Dach zu schlagen begannen, trat der schwarzgekleidete Mann ins Haus, süßliche Duftschwaden hereintragend, den Geruch der Felder, der an den Kleidern hängenbleibt und sich bei Feuchtigkeit als Duft welker Kirschblüten zersetzt. Es war ihr Vater, der mit ernster Miene ankündigte: »Morgen ist der letzte Schultag, wir gehen in die Schweiz.«

Mimi hatte schon beschlossen, dass sie auch an diesem Morgen nicht zur Schule gehen würde. Sie hatte niemals hingehen wollen, und auch nur ein letztes Mal dorthin zurückzukehren, erschien ihr unerträglich und ungerecht. Bei Sonnenaufgang würden Vater und Mutter eine Weile auf den Feldern arbeiten, dann würden sie die Oliven zur Ölmühle auf der Piazza Santa Sofia bringen.

Zwei Kilometer von ihrem Haus entfernt lagen die Klippen der Serra, *pajare*, Feigenkakteen und Felszacken. Mimi hatte den ganzen einsamen Sommer zwischen den spitzen Steinen von Scalamacio und Funnuvoiere zugebracht, den beiden felsigen kleinen Buchten des Ortes. Dort hüpfte sie barfuß herum, und wenn man sie so sah, erschien sie wie ein flinkes Meerestier, eine streunende Katze, ein wilder Luchs. Wer sie an sonnigen Tagen suchte, wusste, dass er sie auf einem Felsvorsprung aus Granit finden würde, wo sie in der von Gischt erfüllten Luft hockte, die Arme um die Knie geschlungen, den Duft nach Jod in den Haaren.

An diesem Herbstmorgen, jahrhundertweit vom Sommer entfernt, grollte Mimi, aber nur für kurze Zeit, dann hatte sie verstanden und traf eine Entscheidung.

Sie ging zur Haustür, legte die Hand auf das Fensterglas, drückte die Tür vorsichtig auf und rief ihren Eltern einen Abschiedsgruß zu. Eine lange, eindrückliche Sekunde verstrich, dann stieß sie die Tür energisch zu, mit der ganzen Kraft, die sie in den Armen hatte. Der Türrahmen knarrte, man hörte das Knallen der zuschlagenden Tür, gleich darauf kehrte die vertraute morgendliche Stille ins Haus zurück.

Der Bus, der die Kinder in die Schulen von Tricase brachte, fuhr über den Schotter der Landstraße. Mit hustendem Motor hielt er an, jeden Tag stiegen hier drei Kinder ein. An diesem Morgen waren es nur zwei.

Mimi hatte die Eingangstür wirklich zugeschlagen und sich auch verabschiedet, aber sie war nicht nach draußen gegangen.

Sie hatte sich nur einen Augenblick lang von der kühlen Luft aus Wasser und Mistral stechen lassen, dann war sie wieder hinter die Tür geschlüpft, mit angehaltenem Atem und gespitzten Ohren, um jedes Geräusch zu erhaschen, das vom Gewohnten abwich.

Die Eltern aßen das Frühstück der Bauern, Brot und getrocknete Tomaten, es war acht Uhr, sie hatten schon drei Stunden gearbeitet und genossen diesen Moment der Ruhe. Sie glühten noch von der Plackerei, aber sie waren zufrieden. Aus dem Augenwinkel sah Mimi den Vater mit einem großen Laib Brot vor der Brust, es war wie ein Tier, ein zur Schlachtung bereites Opfertier. Der Mann schnitt das harte Brot mit einem alten Dolch mit abgebrochener Klinge, und die Anstrengung blähte seinen Hals.

Mimi ging in ihr Zimmer, fand den Bruder noch schlafend. Gebeugt unter ihrem Schulranzen knöpfte sie den langen Filzmantel auf, der sie daran hinderte, sich frei zu bewegen, kniete neben den Beinen des Bettes auf dem Boden, schob einige mit Stoffmustern gefüllte Schachteln beiseite und legte sich unter das Bett, wobei sie die Schachteln sorgfältig wieder an ihren Platz rückte, so dass sie versteckt, fast begraben war.

Und sie begann zu warten.

An die Wand gepresst, atmete sie leise, damit keiner sie hörte. Die Mutter kam ins Zimmer, um Biagino zu wecken. Durch einen Spalt zwischen den Schachteln sah Mimi nackte Fesseln in den Holzschuhen aufragen. Die Mutter blieb vielleicht eine Minute im Zimmer, aber Mimi erschien diese Minute wie eine Ewigkeit.

Biagino rollte wenig später vom Bett herunter. Seine Augen waren noch verklebt vom Schlaf, die zerzausten schwarzen Haare glichen einem umgedrehten Vogelnest, das Gesicht war rosig, eierschalenfarbig. Biagino wusste, dass Mimi unter dem Bett lag, und er stützte sich am Boden auf die Ellenbogen, um sie zu erspähen.

»Gehst du heute auch nicht in die Schule?«

»Still, Biagino«, hörte man Mimis Stimme schwach und erstickt hinter den Schachteln hervorkommen.

»Was gibst du mir, wenn ich dich nicht verrate?«

»Ich zahle dir eine Spielmarke für den Tischfußball.«

»Mit wem soll ich denn spielen?«

»Mit mir.«

»Ich spiele nicht mit Mädchen.«

»Ich zahle dir zwei Marken. Aber sei still, Biaggì.«

Sie blieb den ganzen Vormittag dort liegen, gedeckt vom erkauften Schweigen des kleinen Bruders, in ihr Versteck verkrochen, ein verletzter Vogel, der der kalten, nassen, unliebsamen Welt einen Unterschlupf abgetrotzt hat. Dort blieb sie oft, um nicht in die Schule oder zum Katechismus gehen zu müssen, um sich fernzuhalten von den Jungen, die an ihren langen schwarzen Haaren zogen, vom bösen Gerede der Schulkameradinnen, die ihre Einsamkeiten nicht verstanden, ihre sonderbaren, wirrköpfigen Launen – barfuß über die Klippen der Serra laufen, auf die höchste Stelle klettern und mit einem Purzelbaum von dem flachen Felsen, der »Sprungbrett« hieß, ins Meer springen – etwas für Jungen.

Mimi Orlando war das Mädchen, das seine Tage fern von allen anderen zubrachte, verächtlich und erhaben, obwohl sie die Tochter von Tagelöhnern war, das Mädchen, das lange Kleider, Kleider wie Tuniken trug, aus dem Musselin irgendeiner Aussteuer zusammengeschneidert, und das immer in Selbstgespräche versunken war.

»Das Mädchen hat 'ne Menge Phantasie, ist nichts normal an ihr und spricht immerfort mit sich selbst, entweder ist sie verrückt oder sie hat den Teufel im Leib.« Das sagte man über sie.

In ihrem kurzen Leben hatte Mimi sich nur ein einziges Mal ganz und gar verstanden gefühlt: Der Mann war kräftig, sein Gesicht rot, Hosen aus weißlichem Flanell, die purpurfarbene Jacke eines Tierbändigers, ein weißes Taschentuch und ein Strohhut. Er stand in der Sonne vor dem tiefen Loch auf der Piazza, wo die neue Kirche gebaut wurde, und spielte Akkordeon. Seine schmalen Hände waren rosige Spinnen, die Melodienfäden aus dem Instrument zogen, und die verdrehten Augen in faltigen Höhlen suchten bei den Leuten nach ihrer Bereitschaft zu einer Gabe. Als Mimi, sie war damals zehn Jahre alt, an dem Mann vorbeiging, spürte sie, dass ihre Fußsohlen sie drängten, einen Tanzschritt zu versuchen, und so begann sie, allein zu tanzen. Es war Sonntag, die alten Frauen gingen in ihre Mieder aus Samt geschnürt und wagten einen Blick auf den Musikanten, der ganze Ort blieb auf den Bürgersteigen, um den Fremden respektvoll und distanziert zu betrachten. Er war nicht aus Tricase, vielleicht war er nicht einmal Italiener, aber er kannte die musikalischen Romanzen, und ob er die kannte!

Als er zu spielen aufhörte und Mimi aufhörte zu tanzen, gab er ihr einen türkisfarbenen Ring: »Behalt ihn, denn er beschützt dich, in dir trägst du die Tragödie und die Herrlichkeit.« Mimi verstand keines der beiden Worte, sie waren nur zwei unartikulierte, genuschelte Laute – die Musik war so mitreißend und klar gewesen wie die Investitur verworren. Doch von diesem Tag an dachte Mimi, immer wenn sie sich fern von ihren Landsleuten, ihrer Familie und ihren Kameraden fühlte, an die magische Erwählung durch den fremden Musikanten.

Eine alte, seit vielen Jahren verlassene Glashütte war das erste Dach der Orlando in der Schweiz. Denen, die sie entworfen, die sie gebaut und die dort gearbeitet hatten, wäre niemals in den Sinn gekommen, was später aus ihr werden sollte: eine von Menschenleben pulsierende Lunge.

Seit über zwanzig Jahren diente sie als erste Unterkunft der italienischen Emigranten, die keinen Platz zum Schlafen hatten. Sie lag am Ende einer Schotterstraße auf dem Ausläufer eines kleinen Berges wie ein Quader aus abgestoßenen, von großen Rissen durchzogenen Blöcken. Der Boden war mit Glasscherben übersät, noch immer lagen sie bis in die hintersten Winkel der alten Fabrik verstreut. In der einzigen großen Halle ragten Trennwände aus Sperrholz und Wellblech auf, die hohe Decke aus Zinn und Asbest widerstand dem winterlichen Schnee und den langen, unablässigen Regenfällen, die die Nächte begleiteten. Sie widerstand dem Hagel, dem Wind, sie widerstand fast allem, nur der Kälte ergab sie sich augenblicklich. Die Kälte drang ein und setzte sich heimtückisch an den Gegenständen fest. Die Kälte der Dinge war am schwersten zu ertragen. Die Kälte der Betten, der Decken, der Stühle, die Kälte des ersten Schlucks Milch, der hart und bröcklig wie Geröll aus den Bergen die Kehle hinunterrann.

Doch es waren dies die Jahre des Glases, weil das Privatleben der Menschen, die um Mimis Dasein kreisten, zu Glas wurde, weil alles, was sie umgab, aus Glas war. Durchsichtig und ungeschützt, ohne einen Zufluchtsort.

Für Mimi hatte alles den vagen Geschmack eines Abenteuers, das sich um sie herum ereignete. Während der Fahrt in der *littorina* hatte sie, umringt von vielen Verwandten, einen Rosenkranz in der Hand gehalten. Aber sie hatte eher nachgedacht als gebetet.

In Bari sah sie sich von den Koffern einer unbekannten Familie bedrängt. Diese Leute, die den Gang in Besitz nahmen, brachten sie mehr als alles andere zum Staunen: Sie ähnelten ihr, wie Schildkröten trugen sie ihr Leben mit sich herum, in riesigen Schachteln und Koffern mit prallen Bäuchen.

Sie waren zu sechst, zwei erwachsene Männer, Brüder vielleicht, eine Frau und drei Kinder. Sie waren mager, fast unterernährt, misstrauisch beäugten sie die Orlando, und dieselbe Empfindung wurde von diesen erwidert. Vor ein paar Jahren hatte die Cholera in Bari gewütet, und Mama Rosanna ermahnte Mimi, sich von den Fremden unbedingt fernzuhalten.

Die Reise war ihr wie ein Fest erschienen, ein Weihnachten entlang einer mit Eisen beschlagenen Strecke: Alle waren da, Mutter Rosanna, Vater Antonio, ihr Bruder Biagino, die Tante, die Cousins. Die Körbe wurden aufgemacht, und sie aßen das weiche, feine Brot, über das die kleinen gelben sonnengetrockneten Tomaten gerieben wurden. Biagino, zehn Jahre aus Trotzanfällen und wütendem Geschrei, rannte durch die Gänge des Zuges und versetzte die nach Kerosin stinkenden Abteile in Aufruhr.

Im Bahnhof von Zürich angekommen, dachte Mimi, dass sie noch nie zuvor in einem so großen Gebäude gewesen war, und noch viele Jahre später sollte sie sich daran erinnern, dass sie sich damals gefragt hatte: »Was machen wir jetzt?«, worauf ihr einer geantwortet hatte: »Dafür gibt's Governo, der hilft.« Es war wie ein Wunder, als hätte man ihre Gedanken gelesen.

Die Luft roch nach Eisen und Rauch, ein Strom Männer und Frauen schob Wagen voller Gepäck, und er schien die Mauer aus Menschen, die an den Gleisen wartete, zum Einsturz bringen zu müssen. Und wieder meinte Mimi, ein Wunder zu erleben, als der durch die schmalen Bahnsteige zusammengedrängte und zu langsamen Schritten gezwungene Strom der Reisenden sich in der Menschenmauer verlor, von der auch die Orlando verschluckt wurden wie von Nebel.

Onkel Peppe erwartete sie. Der Onkel war seit dem Vormonat da und hatte einen Platz zum Wohnen gefunden, wo man sehr wenig zahlte: »Ein Palast ist es nicht, aber man kann anständig leben.«

»Aus Lecce seid ihr?« Spöttisch, in entstelltem Dialekt ausgesprochen, war dies der erste italienische Satz, den die Orlando zu ihrer Begrüßung hörten, als sie im Haus aus Glas ankamen.

»Ihr habt Glück, ihr werdet nur wenige Nächte in diesem Haus bleiben, ich habe ein ganzes Jahr hier gelebt und war fast immer allein«, sagte ein Mann mit einem Gesicht voller Falten, einem einzigen Zahn, der ihm vorne im Mund baumelte, und einem Besatz fettiger grauer Haare.

Governo – er war Lukaner – regelte die Neuankünfte und zweigte einen Teil der Mietzahlungen für sich ab.

Er beschrieb den mit weit aufgerissenen Augen lauschenden Orlando ihr erstes Heim jenseits der rosaroten Alpen, die sie hinter sich gelassen hatten. Es war Ende Oktober, aber schon jetzt herrschte eine Kälte wie im tiefsten Winter, die Schals aus rauer Wolle genügten nicht, und auch die Hoffnung, weniger arm zu werden, war zerbrechlich geworden wie Glas.

Woran erinnerte sich Mimi, wenn sie an jenen ersten Morgen weit weg vom Meer dachte?

Ihre Füße rutschten in den Überschuhen aus Plastik, die Gummisohlen knirschten auf dem unebenen Boden der alten Fabrik; das Knirschen unter ihren Füßen war der erste Eindruck von diesem Haus. Die Feldbetten, hintereinander aufgestellt, bildeten mit ihren geraden Linien ein exaktes Quadrat, Trennwände markierten die kleinen Zellen und schufen viele kleine Zimmer, in denen viele andere Domenicas und Orlandos ihr neues Leben beginnen würden.

Die Ecke, wo die Familie Orlando unterkam, war für Leute aus Lecce bestimmt. Davon gab es gut zwanzig, mindestens drei andere Familien, und sie kamen alle aus dem Capu, dem Salento, aus Orten wie Corsano, Acquarica, Salve oder Presicce.

Die große Halle des Hauses aus Glas war nach einer strikten geographischen Ordnung unterteilt: Sizilianer, Kampanier, Sarden, Lukaner und Apulier. Ein verzerrtes Abbild des italienischen Stiefels.

Die Kalabresen gehörten nicht mehr dazu, eines Nachts hatten sie Stühle verbrannt, um sich zu wärmen, und den ganzen Raum mit Flammen und Rauch erfüllt. Viele bekamen eine Rauchvergiftung, die Frauen löschten den kleinen Brand, indem sie mit Decken auf die Flammen schlugen und Schüsseln mit Regenwasser auf dem Boden ausgossen. Die Spitze des Stiefels sollte geräumt werden. Governo hatte entschieden, dass all ihre Landsleute für die Schuld der drei verantwortungslosen Kalabresen zahlen mussten. Vielleicht hieß er darum Governo, »Regierung«, vielleicht aber auch, weil er der erste Italiener gewesen war, der mit dem gearbeitet hatte, was sie dort »Ternitti« nannten.

Ternitti war eine entstellte Form des Wortes Eternit, Ternitti wurden auch die Fabriken genannt, wo man mit Asbestzement zu tun hatte; schließlich war Ternitti im Salento das Synonym für Dach, Ziegel, Zement und den

Großteil des Materials, das auf Baustellen benutzt wurde, auch wenn es kein Asbest war.

Pionier zu sein hatte seine negativen Seiten und seine Privilegien. Governo galt als einer, der im Krieg gewesen war, einer, dem der Geruch von Schießpulver am eigenen Leib haften geblieben war. Aber das waren nur die Reste des Krokydoliths, des Blauasbests, den er seit zehn Jahren Tag für Tag mit der Harke in große Säcke einsammelte. Das Privileg bestand darin, jeden Zentimeter, jeden einzelnen Menschen und alle Regeln dieses Stücks Italien außerhalb von Italien zu kennen.

»Man lebt ein bisschen beengt hier, aber bald werden die von der Ternitti euch ein Haus geben.«

»Ein großes Haus?«, fragte der kleine Salvatore, der Sohn von Onkel Peppe.

»Ein Haus aus Holz in der Nähe der Fabrik, klein, aber warm.«

Mimi ignorierte den scharfen Ton, mit dem Governo das Adjektiv »warm« hervorhob.

Das Haus aus Glas wurde im kommenden Winter Mimis Zuhause, und die Kälte begleitete sie wie eine Strafe. Sie drang ihr in die Knochen, brannte auf ihren Handrücken, die Zehen platzten auf wie reife Früchte. Auf der Nase wuchsen Frostbeulen, kleine gelbliche Blasen voller Blut, die ihr das Atmen schwermachten. Mama Rosanna arbeitete als Schneiderin im Akkord, wie viele andere Frauen in der Glasfabrik. Mimi half ihr, die Säume umzunähen und die Rückkehr der Männer von der Ternitti angenehmer zu gestalten. Jahre später sollte Mimi die Zeit des Glases wie die Frühgeschichte vorkommen, als die Männer draußen auf Jagd gingen, eine urzeitliche, primitive Jagd jedoch, von der man jeden Tag mit mehr Verletzungen zurückkehrte, Wunden vom Krallenhieb wilder Tiere, Kratzern, die keiner sehen konnte: Sie stammten von der Ternitti, Furchen im Fleisch, die die Membran der Eingeweide offenbarten.

Bevor sie emigrierten, hatte Mimi einen langen, unvergesslichen Sommer erlebt. Wie Blitze aus einem unerreichbaren Jenseits kehrten in den eiskalten Nächten und an den langen Nachmittagen, die nie zu Ende gingen, der Abdruck von den warmen, spitzen Felsen auf der Serra und in Tricase Porto wieder, und ihr Duft, ein kostbarer Balsam des nachmittäglichen Meeres.

In der Ternitti arbeitete, wer in der Glashütte hauste, darunter auch zwei neunzehnjährige Burschen, die ein Jahr Wehrdienst hinter sich hatten; einer der beiden hatte sich in Mimis Herz einen Platz verschafft. Sie sah ihn jeden Tag in der Menge der gebeugten Köpfe, die am Eingang des Lagers ankamen. Er war der Dunkelste, eine Haut wie ein Inder, er kam auf sie zu, eine schwarze Maulbeere inmitten der roten, und sein Blick verlor sich in der Weite des großen Raumes, aber sie war noch klein, wohlgestaltet, doch zu klein und fern, um für einen jungen Mann sichtbar zu sein, von den Frostbeulen entstellt und unter Lumpen begraben, damit die laue Körperwärme nicht verflog. »Sieh mich an«, flehte sie, aber sein Blick ging über sie hinweg.

Nachts teilte Mimi das Bett mit Mama Rosanna, und oft waren die Augenblicke kurz vorm Einschlafen die schönsten des Tages, wenn der starke, lauwarme Atem der Mutter, der ihr glühendheiß erschien, über ihr Gesicht strich wie ein Hauch Schirokko. Oft spürte Mimi mitten in der Nacht, wenn sich durch die Zuckungen des Schlafs die Kleider lockerten, die warme, nackte Haut der Beine der Mutter an ihren bloßen Füßen. Dieser Abschnitt lebendigen Fleisches, Teil eines vertrauten Körpers, den sie nie beachtet hatte, stieg in den Winternächten wie eine Eroberung am Horizont der Alltäglichkeit auf. Dieses Stück Haut weckte in ihr ein Zugehörigkeitsgefühl ohne eindeutigen Ursprung, das in den geheimsten Winkeln ihres Inneren verborgen blieb. Die Tochter dieses Streifens warmen Fleisches zu sein, gab ihr Sicherheit und ein Gefühl der Befriedigung.

Mama Rosanna bewahrte noch den alten Zauber der Zwanzigjährigen, einen Zauber, der Gestalt annahm in ihren Bewegungen und im Mienenspiel ihres länglichen, rechteckigen Gesichts, ein Gesicht wie das der Heiligen, die die Wände von Santa Sofia schmückten: Heilige mit großen Gesichtern und einem kleinen Körper, aber schön, strahlend, mit klar gezeichneten Zügen wie eine feine Temperamalerei auf Wänden aus Kalk und rohem Stein.

Abends kam pünktlich und reichlich das Bier. In den Ausschänken rund um die Ternitti war es leicht zu bekommen, es kostete wenig, und die Männer der Fabrik tranken es, weil es »Kraft zurückbringt«. Das Bier landete in einem kupfernen Topf, dort tunkte man das Brot ein und aß zu Abend; während es für die Kinder Wasser und Salz gab: hartes Brot, im Brunnenwasser aufgeweicht, und Meersalz.

Wenn es dunkel wurde, versammelten die Orlando sich um den Tisch und verharrten dort schweigend mit wachsamen Blicken; die Stimmen der anderen Ecken Italiens fielen vom Himmel, in dem großen, offenen Raum, wo es von Menschen wimmelte, erlaubten die Wände aus Blech und Sperrholz nur schamhafte Zurückhaltung, sonst nichts. Durch die Stille drangen Sätze in unbekannten Dialekten, manchmal ein verständliches Wort oder Bemerkungen von den Leuten aus Lecce, ihren Nachbarn. Die Familie Orlando wechselte Blicke des Einverständnisses, des Zusammenhalts und der Zustimmung. So waren ihre Abende, eine Bemerkung mit leiser Stimme, ein Flüstern, und dann auffangen, was in den anderen »Wohnungen« erzählt wurde: ein Drangsalieren am Förderband der Fabrik, ein Missverständnis im Lebensmittelgeschäft, eine Drogerie, die geschlossen hatte, neue Italiener, die ankamen, eine Gruppe italienischer Jungen, die man aus einer Schänke geworfen hatte, weil sie mit lauter Stimme gesprochen hatten. Wegen dieser Neigung zum Schweigen, und weil sie Fremden wenig Vertrauen entgegenbrachten, wurden die Orlando die »scurnusi« genannt, die Schamhaften.

Manchmal tauchte von wer weiß woher eine Korbflasche Wein auf. Ein Glaskolben ohne Korb, in dem ein roter Trester aufbewahrt wurde, der die Innenwände schwärzte, als wäre Tinte daran geschwappt. Wenn er den Wein getrunken hatte, der so dickflüssig war wie die Weine der Römer, stand Antonio Orlando auf und nahm Rosanna beiseite, um ihr etwas ins Ohr zu flüstern. Alles verstummte, die Augen der Kinder richteten sich auf die Eltern, während deren Blicke umherschweiften, um unsichtbaren Bewegungen von Nachtfaltern zu folgen, den Flattergeistern der Diskretion.

Im schwachen Licht der brummenden Glühbirnen drückte Mimis Vater mit geröteten Wangen Rosanna an seine Brust und küsste sie, später in der Nacht hatte Mimi nicht den warmen Körper der Mama im Bett, sondern den nervösen, zappeligen von Biagino.

Alle schliefen, Mimi nicht, sie lauschte dem keuchenden Atem des Vaters, und in einem unbekannten Winkel ihrer Seele spürte sie ein unerklärliches Missbehagen.

Governos Prophezeiungen hatten sich nicht erfüllt, aus den wenigen Tagen Behelfsunterkunft waren Monate geworden. Eingemummelt in Hosen aus Barchent und einen langen Wollpullover, die Hände hinter dem leicht angelehnten Rücken, nur um eine Pose einzunehmen, beobachtete Mimi die von der Fabrik zurückkehrenden Jungen und wartete darauf, dass sie von ihrer ersten unerwiderten Liebe erblickt wurde. In diesem Aufmarsch der Männer, deren Gesichter rot und deren Augen immer feucht waren, als hätten sie geweint, war eines Tages auch Governo. Wenn er erschien, standen unvermeidlich Veränderungen bevor: Neue Familien kamen an, oder jemand musste gehen. Wohin, wusste man nicht.

Viele Monate waren vergangen, und die Orlando hatten es aufgegeben, weiter auf das schimärische Haus aus Holz zu warten, von dem Governo gesprochen hatte.

Mimis Augen begegneten dem verschlagenen Blick des Mannes. Sie wollte etwas sagen, doch sie senkte den Kopf.

»Heb die Augen, Mimi, wirst mal 'n schönes Mädchen, wenn du groß bist …«

Mimi wurde flammendrot und richtete sich auf, als müsste sie strammstehen, doch sie wich diesem zornigen und schamlosen Blick aus.

»Was ist mit dir, schämst dich wegen dem Kompliment, Mimi? Fang an, dich dran zu gewöhnen, du wirst noch viele kriegen.«

Governo kam immer näher, während alle anderen schon in die Glasfabrik hineingegangen waren, um sich in ihre kleinen Verschläge zurückzuziehen; der Hintergrund füllte sich mit Stimmengewirr, Governo kam auf sie zu wie ein Raubtier, er war nur noch einen Meter entfernt, und Mimi wusste nicht, ob dieses Gehen nur eine harmlose Geste männlicher Arroganz war oder eine Bedrohung darin lag.

Governo war wenige Zentimeter von Mimis Gesicht entfernt, der Kopf des Mannes erschien ihr gewaltig, unermesslich groß, ein bitterer Geruch stieg aus seinen Kleidern, Jahre später sollte sie erfahren, dass es der Geruch des Blauasbests war, den Governo sich seit einem Jahrzehnt mit nach Hause nahm. Mimi spürte keine Kraft mehr in den Beinen, als wären sie am Boden festgeschraubt, sie wollte fliehen, doch der Körper gehorchte ihren Wünschen nicht.

Governo hob zwei Finger und legte sie unter ihr Kinn, Mimi empfand Abscheu, als sie die schwieligen kalten Finger spürte, sie schloss die Augen und hörte die leise gesprochenen Worte Governos in der Luft: »Und ganz schön stark bist du auch, alle laufen weg, wenn ich näherkomme … so hässlich bin ich doch gar nicht … wirst auch eine mutige Frau sein, wenn du erwachsen bist.«

Ein Mann allein war auf dem Steg, darunter brodelte der Zement und ließ graue Wolken aufsteigen. Der Mann ging mit großen Schritten durch den Vorhang aus Kondenswasser und Asbest auf die Güsse zu. Einmal im Jahr flog jemand vom Steg und endete im Blauasbest. Es war ein kurzer Weg, aber gefährlich wie kaum etwas anderes. Der Mann, der dort oben lief, zeichnete jeden Tag mit der Schaufel wirbelnde Kreise in die Luft, und er riskierte viel, aber er wusste, dass das Risiko ihn vor der größten Gefahr schützen würde: der Gewöhnung. Für einen Mann, der immer auf schmalem Grat geht, gibt es keinen ärgeren Feind als die Gewöhnung.

In der Abteilung wurden Rohre und wellenförmige Platten aus Asbestzement hergestellt. Die Decke der Fabrikhalle war hoch, damit der Rauch sich verziehen oder wenigstens den Anschein geben konnte, er verzöge sich. Dutzende Wannen umringten den Querbau, wo die Arbeiter einer hinter dem anderen standen und einen Reigen aus gleichförmigen Bewegungen bildeten. Harken, wässern, sieben, trennen und das Material zu Haufen zusammenschieben, die geformt werden konnten.

In jeder Abteilung gab es eine andere Sorte Asbest, jeder Arbeiter der Fabrik sah sich seinem eigenen Freund-Feind gegenüber, und sie hatten so komplizierte Namen wie Chrysotil, Amosit oder Krokydolith. Letzterer, auch als Blauasbest bekannt, war der gefährlichste. Er wurde bei Mischungen verwendet. Ihn hatten alle in dieser Halle wenigstens einen Augenblick lang eingeatmet und sich vom Arbeitskittel geklopft.

Der Mann, der auf dem Rand der Wannen ging und sich um die Mischung kümmerte, hieß Ippazio. Er ließ Zement und Asbest in die Wasserwannen rinnen, dort wurde das Material bei höllischen Hitzegraden unter der Aufsicht eines höchsten Regelsystems gemischt, eines Regelsystems mit einem überzeugenden Namen: Ippazio, der Name eines Gottes.

Ippazio war der Schutzpatron von Tiggiano, einem kleinen Ort aus goldbraunen Gehöften, ein Heiliger, dem der Schutz vor Leistenbruch und die Fruchtbarkeit der männlichen Hoden oblag, darum brachten ihm die Frauen der umliegenden Ortschaften die Unterhosen ihrer Männer als Weihegabe.

Dort oben – doch es konnte auch die Unterwelt sein, wegen der Hitze, des Qualms, des Gestanks aus den Eingeweiden der Erde – schien Ippazio eine Art Teig für eine große Focaccia anzurühren. Die Farbe des Teigs aber war hässlich und sein Geruch unerträglich, stechend, er blähte die Nasenlöcher und drang wie unsichtbare Nadeln unter die Haut, fuhr durch die Glieder bis in den Brustkorb, schließlich in die Lunge. Jeweils eine Nadel. Eine nach der anderen, und wie alles Böse sorgsam darauf bedacht, langsam, unkenntlich und unabwendbar zu sein.

Am Ende des Tages glich die Nase einem Mangoldblatt, die Blutgefäße platzten. Draußen in der Kälte verstopfte sie im Wind, und Ippazio, der Gott der Unterwelt, bedeckte seine Nase mindestens eine Stunde lang mit beiden Händen, als wäre sie gebrochen. Er schnaubte die Luft, die er in der Brust hatte, in ein Baumwolltaschentuch, um den Stoff zu wärmen und seine Nase darin einzuhüllen.

Dort oben strich Ippazio die Mischung, die so dickflüssig war wie eine Paste, jeden Tag auf Leinentücher, um das Wasser herauszufiltern, dann wurde die Masse in Formen gegossen, in denen sie zu Röhren und Platten modelliert wurde. Wenn er den Zement in die Gussformen gegeben hatte, fing Ippazio meistens an zu husten, ein Husten, der ihm in den ersten Monaten nur trocken aus der Kehle kam, mit der Zeit aber heiser wurde, seine Bronchien waren ständig voller Schleim.

»Lat-te, lat-te, trinken latte«, schrie eine Stimme mit teutonischer Färbung, die sich bemühte, den Klang des Italienischen wiederzugeben, um dann wieder Befehle auf Deutsch zu erteilen. Ippazios Vorarbeiter war Österreicher, ein Mann aus den Bergen, der vor ein paar Jahren begonnen hatte, in der deutschen Schweiz zu arbeiten, und in eine Fabrik geraten war, wo er eine Gruppe Italiener anführen musste, die seine Sprache nicht verstanden. Vielleicht war Signor Thaur, wie er genannt werden wollte, nein, vielmehr Herr Thaur, sogar der Verstörteste an diesem Ort, gefangen im Netz dieser dunklen Spinnen, der Süditaliener, von denen er nur unverständliche Worte in einem verzerrten Deutsch hörte.

Herr Thaur, der Mann ohne Vornamen und mit unklarem Nachnamen, beaufsichtigte den Mischvorgang, indem er einen kleinen Spaten schwang, der die Mischschaufel genannt wurde.

Sie diente zur Feinbearbeitung der Formen, die Ippazio und die anderen Arbeiter an der Mischung herstellten. Herr Thaur schritt mit seiner tropfenden Schaufel über das hängende Schutzdach und erschien in den metallischen Lichtern wie ein Riese, ein monströser Golem mit menschlichen Zügen, schwer bewaffnet wie ein kriegerisches Gespenst und zunehmend überzeugt, dass die tieferen, unerforschlichen Gründe für seine Rolle inmitten dieser Italiener auf eine Bestrafung hinausliefen.

Monatelang bewegte Ippazio sich jeden Tag zehn Stunden lang ohne Unterbrechung auf kleinstem Raum, umgeben von den Dämpfen des Blauasbests, der in den Wannen abkühlte: Kondensat, Mischung, Sieben und Formen. Manchmal vergaß er, dass die Zementgebilde, die sich in Wellen auf den Boden der Gussformen senkten, Asbest waren. Dann ließ Ippazio, der erst seit kurzem volljährig war, sich von der Phantasie weit fort von Zürich an einen lehmigen Strand bringen, wo er die graue, übelriechende Masse modellieren konnte.

Formen, es waren nur Formen, aber wenn Herr Thaur außer Sichtweite war, zeichnete Ippazio einen Mund, zwei Schlitze für die Augen und ein Loch als Nase, lachte vor sich hin und löschte mit der Mischschaufel alles wieder aus, ein befreiendes Scheitern im Herzen.

Nach einem Jahr Arbeit war sein Körper verändert: Das Wachstum war stehengeblieben, die Muskeln hatten sich verhärtet, die Widerstandskraft hatte abgenommen. In den ersten Monaten hatte er dreißig, vierzig Mal am Tag sieben können, nach einiger Zeit schaffte er mit Mühe ein Dutzend Mal. Seine Brust schmerzte, und abends konnte er nicht mehr sprechen.

Antonio Orlando war den Säcken zugeteilt worden, ein paar Monate lang hatte er Jutesäcke mit Krokydolith gefüllt, dann war er zu den Wasserschneidern übergewechselt: Dort spaltete er die Blöcke aus Asbestzement mit präzisen Schnitten. Ein Arbeitsvorgang, bei dem sehr viel Staub aufwirbelte; trotz der Absauganlagen husteten die über hundert Männer in dieser Abteilung am Abend mit heiserer Kehle, als plagte sie eine Bronchitis. Nur einer hatte aufgehört zu husten, das war Governo, der Einzige, der wusste, wann der richtige Zeitpunkt gekommen war, sich zu verdrücken. »Nur die Dummen sterben früh!«, sagte er von Zeit zu Zeit, er sagte es zu sich selbst, aber mit lauter Stimme, wie ein Verrückter, einer, der gehört werden will und gleichzeitig gefürchtet.

Einmal in der Woche brachte Antonio Orlando den kleinen Biagio zu einem Tischfußballspiel, das nicht weit von der Fabrik in einer Kneipe voller Absperrgitter stand. Das geschah einige Monate lang, jeden Samstag gab es immer wieder dasselbe Bild: Biagio wartete, in den Wollmantel geknöpft, an der Schwelle des Hauses aus Glas, Hand in Hand mit Mimi. Diese Stunde, in der er und sein Vater einander an der Platte aus Kunststoff und Holz herausforderten, war der einzige Moment in der Woche, in dem Biagio glücklich war. Er fühlte sich nicht allein und empfand angesichts der Plastiksilhouetten, die den weißen Ball schossen, ein tröstliches Gefühl, dem er noch keinen Namen zu geben vermochte.

Eines Samstags schaffte Antonio Orlando es nicht. Das metallische Dröhnen des Riegels, das die Arbeiter beim Verlassen der Fabrik begleitete, hallte durch die Räume. Im Halbdunkel der Flure versammelten sich hier und da die verschwommenen Umrisse des Reinigungspersonals und beugten sich vor, die Augen mit der Hand abgeschirmt, um etwas zu erkennen, was sich in der Ferne bewegte. Es war der letzte Arbeiter. Antonio hatte sich wirklich verspätet. Er streifte seinen Arbeitsanzug ab, die Hose und die Jacke, als wären es Fetzen seines eigenen Körpers. Er spürte, dass alles, was von ihm blieb, sich auflöste.

Als er nach Hause kam, stand ein stiller kleiner Junge an der Hand einer Kindfrau auf der Bühne seines Blickfelds und wartete. Aber Antonio konnte nicht. »Ich bin sehr müde, heute Abend gehen wir früher zu Bett.«

»Papa, ich bring Biagino hin«, sagte Mimi mit ernstem Gesicht.

»Still. Nichts tust du.«

»Doch, Papa, ich tu es, wer soll denn auf Biagino aufpassen. Siehst du nicht, dass dieser Junge immer brav ist, bockt niemals, ist aber immer allein. Lassen wir ihn ausgehen, damit er ein bisschen Spaß hat.«

Das Kind stand auf Zehenspitzen, umklammerte die Eisenstangen mit seinen vor Anstrengung weißen kleinen Händen, und die Hälfte seines Gesichts verschwand in der Dunkelheit. Die Augen glänzten, wie Spiegel. Auf der anderen Seite des Spieltischs stand Mimi leicht vorgebeugt, ihre Augen blitzten hinter den fast weißen Wimpern, sie richtete sich auf, schob sich mit der Hand, in der sie den Ball hielt, eine schwarze Strähne aus dem Gesicht, klopfte mit dem Ball auf die Ecke des Spieltischs und warf ihn hinein.

Der Ball sauste von einer Seite zur anderen. Er klackerte viele Male, und ebensolche klackernden Geräusche erzeugten die Stangen, die Mimi und Biagino zogen und drehten.

»Nicht kurbeln, das gilt nicht!«, schimpfte Mimi ein paar Mal; ihr Bruder war unaufmerksam, schaffte es nicht, ein Tor zu schießen. Sie hatte die eigenartige Kugel voll grauer klebriger Flecken schon dreimal hintereinander an dem von Biagino manövrierten Torwart vorbei ins Tor schießen können.

Als es 5:0 stand, beugte sich Mimi zu dem schwarzen Loch hinunter, wo die weißen Kugeln lagen, die aussahen wie Wachteleier, nahm wahllos eine heraus, und nachdem sie die Kugel auf die Tischkante geschlagen hatte, damit der Dotter herauskam, warf sie sie mitten aufs Spielfeld. Das Bällchen prallte einmal vor den Mittelfeldspielern ihres Bruders auf, der ohne eine Sekunde zu zögern einen scharfen Schuss gegen Mimis Torwart ausführte. Tor. Biagio streckte die Zunge heraus, auf der Spitze saß der Rest eines leuchtendroten winzigen Bonbons, eine Stechpalmenbeere.

Das Match endete unentschieden.

Als Ippazio seinen ersten Lohn bekam, konnte er nicht fassen, dass er auf einmal so viel Geld in der Hand hatte. In Tricase hätte er mit diesem Geld monatelang als reicher

Mann leben können. In Zürich aber reichte es gerade, um in einem Haus aus Holz zu wohnen, einem Haus aus Holz, das noch immer aus Glas war.

Auch Ippazio wohnte dort, in einem Abschnitt der Glashütte neben den Orlando. Der Raum war klein, aber gemütlich, abends aßen sie Zwieback, eingemachte Tomaten, Dosengemüse und einmal in der Woche Fleisch. Ippazios Vater hatte die Angewohnheit, den einzigen Fleischabend mit einem Liter Wein zu feiern. Während dieser Abendmahlzeiten herrschte wirklich eine Festtagsstimmung. Ippazio knabberte am Zwieback und trank den Wein mit Wasser vermischt, damit er mehr davon hatte, und fühlte sich getröstet von der Röte des Alkohols, der ihm in die empfindlichen Kapillaren der Nase und der Wangen stieg. Je länger er in der Ternitti arbeitete, desto weniger vertrug er den Alkohol, und er dachte, dass es vielleicht nicht schlecht wäre, mit dem Trinken aufzuhören, um mehr zu arbeiten.

Eines Nachts spürte Ippazio stechende Schmerzen in der Nase und ging auf die Gemeinschaftstoilette der Glasfabrik. Am Ende der Wand aus Glas, wo es am kältesten war, lagen die Latrinen der Männer, doch gleich neben seinem Feldbett befand sich der Waschraum der Frauen. Noch bevor sie den Tagesanbruch wahrnahmen, reihten die Frauen sich hier am frühen Morgen zu einer farbenfrohen Warteschlange auf, in lange Überröcke aus Wolle und Tuch gehüllt, ein Stück grüner Seife in der Hand.

Aus Trägheit, vielleicht auch, weil er vom Schlaf benommen war, öffnete Ippazio die Tür der Frauentoilette; vor den beiden Waschbecken schwebte das schwache Licht eines Streichholzes, das beim Erlöschen eine silberne Spur in der dunklen Luft hinterließ.

»Ich bin Ippazio, Entschuldigung, ich habe mich vertan...«, und er wich tastend zurück, um nicht zu stolpern oder gegen die Tür zu stoßen, die hinter ihm zugefallen war.

Ein zweites Streichholz beleuchtete wenige Sekunden lang das Gesicht der unbekannten Gestalt. Es war Mimi, die Tochter von Antonio Orlando.

Einen Augenblick lang erschien sie Ippazio viel älter. Ein Mädchen mit kantigem Gesicht, in dem zwei wachsame Augen steckten, die das Dunkel durchbohrten. Sie wirkte sehr groß in dem dunklen Raum, eine riesenhafte Erscheinung, das beleuchtete Gesicht wie ein Heiligenbild, ein Gespenst in der Dunkelheit.

Er hörte sie schniefen, und genau in dem Moment, als das Streichholz erlosch und der Schein wieder zum schwarzen Schatten wurde, sah Ippazio, wie Mimi sich an die Nase fasste.

»Tut sie dir auch weh?«

»Ich habe Frostbeulen«, antwortete sie, und das Wort kam komisch verformt heraus, als hätte sie eine Kartoffel im Mund.

Ippazio lächelte, aber Mimi konnte ihn nicht sehen. Im Dunkeln hörte man eine Frage.

»Machst du noch ein Streichholz an?«

»Ich habe keine mehr.«

»Schade.«

»Warum?«

»Du warst schön.«

Und Mimi konnte es kaum glauben. Ippazio, der Junge, der ihr Herz schneller klopfen ließ, hatte sie bemerkt.

An Sonntagvormittagen erschien der Fluss Limmat mit seinen knotigen Kräuseln und runzeligen Vertiefungen wie die Sehne eines ungeheuren Säugetiers. Der Nebel verschluckte die Umrisse der Felswand, und hinter dem dunstweißen Himmel strahlte die Sonne. Rings um einen der kleinen Plätze am Fluss versammelten sich die Italiener in Grüppchen, die ein getreues Abbild der Regeln in der Glasfabrik waren, auch hier nach Region und Dialekt getrennt. Die Luft roch immer nach Lindenbäumen, Dieselöl und feuchtem Kies. Die Orlando hatten Freundschaft mit den Surano aus Presicce geschlossen, einem kleinen Ort unweit von Leuca, sie erzählten einander von Bekanntschaften aus längst vergangenen Zeiten, Leuten, mit denen man vor vielen Jahren in die Tabakfelder gegangen war, einmal nur gesehen, aber wegen der Plackerei der Ernte für immer ins Gedächtnis eingebrannt.

Eine Musikkapelle spielte in der Nähe eines Platzes, wo sich eine kleine deutsche Schänke befand, die am Sonntag italienisch wurde. An diesem Tag überließen die Besitzer, die aus Ostdeutschland stammten, ihren beiden italienischen Angestellten das Lokal. Manche hielten das für eine vernünftige unternehmerische Entscheidung, da sich am Sonntag dort die *terroni*, die Südländer, versammelten, für andere, pessimistischere Zeitgenossen war es der Beweis, dass um die Wassersehne herum nur wenige Einwohner mit denen zu tun haben wollten, die man in der Schweiz *Tschinkeli* nannte.

In der Schänke gab es einen minderwertigen Wein, der in winzigen Schnapsgläsern serviert wurde.

»Dieser Wein hat Trauben nicht mal vom Zug aus gesehen!«, schrie Domenico Zanframundo, genannt Mincuccio Vierzunull, weil er nach einem unbedeutenden Fußballspiel Italien–Luxemburg, das mit diesem Punktestand geendet hatte, zum diensthabenden Herrn Thaur von damals gegangen war und ihm vier Finger gezeigt hatte. Mincuccio war vor drei Jahren gekommen und hatte tausenderlei Arbeiten gemacht, bevor auch er in der Ternitti gelandet war.

Zanframundo spielte Mundharmonika und versuchte, mit seinen falschen Tönen die Blicke auf sich zu lenken, weil er die Beine der Frauen zum Zucken bringen wollte. Aber er war nur ein Schmierenkomödiant, nicht der Musikus, der zur sonntäglichen Sarabande aufspielte, einer lautstarken, aber leidlich guten Sarabande, die in Gang kam, sobald das kleine Sonntagsorchester mit seinen Märschen aufhörte und einer der beiden Angestellten eine Jukebox mit wenigen italienischen Liedern einschaltete: Iva Zanicchi, Ricchi e Poveri, José Feliciano.

Hier begann manch einer mit Valpolicella im Leib, das Gesicht vom Flusswind gerötet und den Feiertagsnachmittag in den blitzenden Augen, um die Mädchen herumzuschleichen, und in einem solchen Moment, es war an einem Frühlingssonntag, gefiel es Ippazio ohne besonderen Grund, außer vielleicht, den verlegenen Gesichtsausdruck des Mädchens mit den Streichhölzern noch einmal auszukosten, Mimi Orlando anzustarren.

Ippazio erschien immer zusammen mit einem aus Castrignano, Vope genannt, Schlägerfresse, Stiernacken und Stielaugen auf alle Mädchen, wie der Fisch, nach dem er seinen Spitznamen hatte. Ippazio ließ ihn nie allein, nur einmal wegen Mimi: Nachdem er ihr lange in die Augen geschaut hatte, pflanzte er sich vor ihr auf, die Muskeln um seinen Mund zitterten, als wäre er kurz davor, ein Lied anzustimmen, er stand nur einen Moment lang still, dann improvisierte er zu den Klängen von *Che sarà* im Hintergrund einen kleinen Tanz, damit sie lachte, und auch um die Orlando und Surano, die sich auf einer Bank unter einer Ulme drängten, zum Lächeln zu bringen.

Doch als Ippazio nur noch zwei Schritte von Mimi entfernt war, die eine Mischung aus Schüchternheit und Freude erstarren ließ, und sie gerade bitten wollte, mit ihm zu tanzen, brach die Musik ab.

Eine kurze Stille, durchsetzt von leisen Geräuschen aus der Ferne, ein vorüberfahrendes Auto, der Atem der Limmat, ein Flugzeug in der himmlischen Spur.

»Vierzunull, spiel was für uns!«, brüllte einer, und Mincuccio, der nur darauf gewartet hatte, begann eine neapolitanische Weise zu zerbröseln ... aber Mimi war weg.

Ippazio leerte sein Weinglas. Das einzige Vergnügen, das er sich am Sonntag gönnte. Im Windschatten hatten sich um eine Holzplatte herum mehrere Dutzend Stühle und auf diesen Stühlen ein Trupp Kalabresen versammelt. Unter ihnen war einer von denen, die aus der Glashütte gejagt worden waren: ein finsterer Typ mit rotem Gesicht und eingeschlagener Nase. Er warf drohende Blicke in Richtung Ippazio. Die Jukebox stand in ihrer Nähe, sie sandte Töne und blaue Funken aus, ein paar Leute tanzten mitten auf dem Platz. Ein junges Pärchen küsste sich, ein Italiener und eine Ausländerin, es war ein inniger, endloser Kuss, ein erschreckender Kuss, der die Aufmerksamkeit der Leute weckte. Als der Refrain einsetzte, stimmten die Kalabresen einen misstönenden Chor an. Ippazio hätte sich gerne zu ihnen gesellt, doch der drohende Blick hielt ihn auf Distanz, und als die Musik zu Ende war, sah er den Finsterling aufstehen. Ein Männchen, der Schädel rund, von nahem konnte man einen schütteren Schnurrbart erkennen. Er ging direkt auf Ippazio zu, setzte gravitätisch die Fersen auf, wie bei einem Marsch.

»Spendierst du mir eine Runde?«
»Ich kenne dich nicht.«
»Ich heiße Giacomo, und du spendierst mir eine Runde.«
»Ich habe kein Geld, tut mir leid.«
»Frag deine Freunde«, sagte der finstere Typ.
»Freunde hast du doch dabei. Ich bin ganz allein hier.«
»Hast du gesehen, dass heute mehr Kalabresen als Italiener hier sind?«
»Das wusste ich nicht.«
»Du weißt es genau, darum glotzt du uns an.«
»Ich habe euch nicht angeglotzt.«
»Was hast du zu glotzen?«
»Willst du mir Ärger machen?«
»Ich will wissen, warum ein Italiener einen Kalabresen anglotzt.«
»Ich habe euch überhaupt nicht beachtet.«
»Jaja, lüg mich nicht an, ich weiß, warum du uns angestarrt hast, Arschloch. Man hat uns aus eurem beschissenen Haus geschmissen, aber es geht uns jetzt besser als vorher.«
»Dann spendier du mir doch eine Runde«, sagte Ippazio, aber sein Tonfall war sanft, nicht bissig, wie er gewollt hatte.
»Du bist ein Hosenscheißer.«
»Was hast du gesagt?«
»Du hast Angst vor mir.«
»Ich habe Angst, dir eine reinzuhauen.«
»Warum probierst du es nicht?« Der Finsterling kam näher. Der Vope hatte die Szene verfolgt und näherte sich, auch Governo und andere Leute kamen dazu.
Ippazio stand auf.
»Du hast zu viel Wein getrunken, Giacomo.«
»Und du riskierst zu viel, mich glotzt keiner so an.«
Ippazio begriff, dass es besser war, dem Mann keine weiteren Vorwände zum Angreifen zu geben, und wandte ihm den Rücken zu.

Giacomo zog ihn am Arm und brüllte: »Feigling!« Plötzlich drehte Ippazio sich um, und als hätte sein Körper sich vom Willen abgetrennt, schlossen die Finger sich zu einer Faust, eine uralte, grundlose Kraft wuchs in den Muskeln, und die Fingerknöchel trafen Giacomo mit einer vollendeten Gegenbewegung zum Haken von oben nach unten.

Der Streithammel fiel zu Boden, er war wie tot. Die Kalabresen näherten sich mit drohenden Zornesfalten im Gesicht. Governo ging dazwischen: »Das ist eine Sache zwischen den beiden. Wer sich einmischt, wird morgen in den Zug nach Hause gesetzt.«

Giacomo machte einen Satz wie eine Eidechse ohne Schwanz und warf Ippazio Schottersteinchen in die Augen, aber der wich ihnen aus und gab dem Mann zwei Tritte in die Kniebeugen, damit er sich wieder hinsetzte. Ippazio erkannte, wie betrunken Giacomo war, und wie leicht es gewesen war, ihn zu Boden zu werfen. Er spürte, wie aus unbekannten Räumen in seinem Inneren panisches Erschrecken über das aufstieg, was er getan hatte.

Der Schlafsaal hatte sich geleert, manche waren nach Italien zurückgekehrt, und neue Familien würden erst nach dem Sommer kommen, andere hatten eine Wohnung gefunden. Die Orlando blieben bei der kleinen Gruppe derjenigen, die noch in der Glasfabrik hausten.

»Bist du nicht zu groß geworden, um mit mir in einem Bett zu schlafen?«, hatte Mama Rosanna eines Tages gesagt.

Mimi versank in dem Feldbett wie in einer Wiege aus Watte, manchmal spielte sie, dass sie schwamm, andere Male legte sie sich auf den Rücken und betrachtete das von den schüchternen Lichtern des Züricher Abends erhellte Dach. Ferne Schimmer aus den Wohnvierteln um die Glasfabrik legten sich auf das Dach wie eine bläuliche Wolke, in der man seine Umrisse erkennen konnte, und es erschien ihr unermesslich weit entfernt. Schwindel erfasste sie, und wegen des Schwindels blieb der Schlaf aus, ein qualvoller Zustand, der erst endete, wenn das Silber des Morgengrauens hereinfiel.

Eines Tages kam Onkel Peppe mit einem Gesicht an, das nicht zu ihm passte, Falten einer noch nie gesehenen Freude. Die Barletta ließen eine Wohnung zurück, eine der Unterkünfte für die Arbeiter, es gab sogar Parkettboden, zwei Zimmer und ein Bad, Heizung und fließendes Wasser.

Um Onkel Peppe sammelte sich ein Grüppchen, er war stolz und malte sich mögliche Szenarien der nahen Zukunft aus.

»Die steht euch nicht zu«, ließ Governo ihn erstarren.

»Sie war für die Surano gedacht, aber die gehen in einem Monat zurück, sie haben gesagt, wir können sie nehmen.«

»Andere sind vor euch dran.«

»Aber die Wohnung wäre für die Surano bestimmt gewesen!« Peppes Augen wurden rot wie bei der Rückkehr von der Ternitti.

»Es gibt eine Regel, und Governo sorgt dafür, dass sie eingehalten wird, sonst heißt es wieder, dass die Italiener immer ihren eigenen Willen durchsetzen.«

»Lass gut sein, Peppe, wir haben schon so viele Monate durchgehalten, wir können auch noch ein wenig länger durchhalten ...«, sagte Antonio Orlando versöhnlich.

»Halt du doch noch durch, ich will hier nicht mehr wie ein Tier leben, ist das denn ein anständiges Leben, sag's mir, wir hausen hier doch, als wär Krieg«, entgegnete Peppe resigniert.

Wieder kam eine schlaflose Nacht für Mimi, aber eine Nacht ohne Angst: In der Hand hielt sie eine Schachtel Streichhölzer und würde sie alle benutzen, um nur ja nicht in dem kalten Bett liegen zu müssen. Sie stand auf und lauschte auf die Geräusche der nächtlichen Wasserspülung aus dem Waschraum, dort war ihr Treffpunkt mit Ippazio, diesmal hatte er eine kleine Taschenlampe dabei; das Mädchen mit den Schwefelhölzern ging langsam mit klopfendem Herzen voran, streckte die Hand aus und stieß auf die langen Finger ihres indischen Prinzen. Sie fühlte, wie diese Finger sie mit sich zogen, und sie wäre ihnen überallhin gefolgt; nach wenigen Schritten lag sie plötzlich ausgestreckt auf den Decken von Ippazios Pritsche, und er hielt ihr mit der Hand den Mund zu. »Pass auf, das Arschloch aus Castrignano hat einen leichten Schlaf.«

Dicht nebeneinander lagen sie im Bett, wagten es nicht, sich zu küssen, hielten sich nur an den Händen. Mimi spürte Ippazios sehnigen Körper. Aus einer unerforschlichen Tiefe stieg der unbändige Wunsch in ihr auf, eine Hand auf seine Brust oder seinen Rücken zu legen, und vielleicht verspürte er denselben Wunsch mit derselben unbezwingbaren Inbrunst. Doch die Nacht verstrich über einer langen Reihe versäumter Gesten, mit einem schlichten, aber unvergesslichen Händedruck, einem Geflecht aus ineinander verschlungenen Knöcheln, Fingern und Haut, und dieser Händedruck war die erste Liebesnacht von Ippazio und Mimi.

»Pati« nannte sie ihn. So wie der Heilige von Tiggiano genannt wurde.

»Mimi, nenn mich so nur, wenn wir beide allein sind.«

Die Nächte wurden zur schönsten Zeit der Jahre aus Glas, ungeduldig sehnte Mimi den Abend herbei, sie legte sich als Erste ins Bett und wartete, bis alle Mitglieder ihrer Familie tief atmeten. Wenn endlich jeder weit weg, zwischen den friedlichen Hügeln des Morpheus war, stand Mimi auf und lief zu Ippazio ins Bett, wo sie blieb, um über ihren Mann zu wachen, doch nie ging sie weiter als bis zum Verschränken der Finger oder einer schüchternen Liebkosung, die jedes Mal von einem Zittern begleitet wurde, einer Gebirgskette aus Schauern, die an der Ferse begannen und die Beine, den Rücken und den Hals hinaufstiegen.

Der Mundharmonikaspieler Mincuccio Vierzunull, der im Schlaf weiterspielte, stieß einen lauten Schrei aus, den man im ganzen Schlafsaal hörte: »Bildet eine Vierergruppe, stellt euch im Kreis auf!« Er machte Anstalten, aus dem Bett zu steigen, doch dann drehte er sich um sich selbst und geriet mit dem Kopf dorthin, wo die Füße waren und mit den Füßen aufs Kopfkissen, worauf er wieder einschlief und weiterschnarchte.

In der Finsternis von Ippazios Schlafraum schlug einer die Augen auf, Mimi lag zum Dunkel gewandt und erblickte die weißen Schlitze eines Gespensts: Es war nur der Vope, der Fisch aus den Meerestiefen, der unruhig schlief oder nur so tat, als schliefe er, und der Ippazio und Mimi sah, eng umschlungen wie ein einziges Wesen, ein glückliches, wundervolles Wesen.

So ging es einige Tage lang.

Am späten Abend senkte sich die weiße Dunkelheit der Menschenmenge, die unter einem einzigen Dach schläft. Tiefe Atemzüge, die Töne schnarchender Kehlen, hier und da ein Flüstern. In der weißen Dunkelheit spielten Pati und Mimi ein Spiel, sie suchten einander, betasteten das Gesicht des anderen, als wären ihre Wangen, die Nase, die Stirn aus einer weichen, formbaren Masse gemacht. Wenn sie es müde wurden, sich gegenseitig das Gesicht zu modellieren, zog Mimi mit der verstohlenen Bewegung einer Zauberkünstlerin eine Schachtel Streichhölzer hervor und zündete sich eines unter ihrem Kinn an, hielt das nächste nah an die Lippen, dann weitere an die Nasenlöcher bis zur Stirn. Ein Streichholz für jedes Detail, wenige Sekunden, die das Flämmchen in eine silberne Rauchspur verwandelten, und jede dieser winzigen Lichtquellen veränderte die Umrisse ihres Gesichts in einem Spiel aus Licht und Schatten. Hinter der Flamme eines armseligen Streichholzes verzerrten sie ihre Gesichter zu spöttischen Grimassen oder lang anhaltendem Grinsen, sie schnitten einander Fratzen und zogen sich die Augen mit den Zeigefingern lang. Es war ein Zugeständnis an eine längst vergangene Kindheit, die die Liebe mit Macht hervorkommen ließ.

Ein windiger Mittag vor der Ternitti. Ein Junge, in einen Mantel gehüllt und den Schal über dem Gesicht, wartete mit einer Flasche Milch in der Hand.

»Biagino, was machst du hier?«, fragte der Vope, seine Hände im Wind bewegend, um sich aufzuwärmen.

»Ich bring Papa die Milch.«

»Immer noch diese Milch, die nützt gar nichts, Biagino, sag das deiner Mama, Bier ist besser, willst du Bier?«

»Ich darf kein Bier trinken und Papa auch nicht, solange Tag ist.«

»Komm mit mir, Biagino, hast du schon mal Bier probiert?«

»Nein.«

»Es ist weiß wie Milch, dann wird es gelb wie Gold, und weißt du, was danach kommt, Biagino?«

»Nein.«

»Das Glück.«

Mama Rosanna war außer sich vor Wut und schrie den Vope vor Ippazio an; Biagino saß benommen mit rotem Gesicht an einem Tisch und rülpste wie ein Säufer.

»Du hast dem Kleinen Bier zu trinken gegeben, du bist ja verrückt, du bist ein Verbrecher.«

»Signora, das Kind ist kein Kind mehr, in seinem Alter hab ich gearbeitet und Glühwein getrunken, um *sirma*, meinem Vater, zu helfen.«

»Die Zeiten haben sich geändert, Biagino geht zur Schule, der ist ja kein Esel wie du.«

»Wozu soll das Lernen nützen?«

»Dazu, kein Esel zu werden, ich will keine dummen Kinder, einen Sohn wie dich will ich nicht«, sagte Rosanna und zeigte mit dem Finger auf ihn.

»Und ich will keine Tochter wie deine, die nachts zu Männern ins Bett geht.«

»Was sagst du da?«

»Passt auf die Mimi auf und erteilt andren keine Lehren.«

Im Weggehen machte Rosanna dem Vope noch einmal Vorwürfe, aber weniger überzeugt, die Anschuldigung hatte sie verletzt. Auch wenn sie falsch, haltlos war, allein dass jemand so etwas von Mimi gedacht haben konnte, erschien ihr entsetzlich und schmerzte sie.

In den folgenden Nächten bemerkte Mimi, dass sich etwas verändert hatte, sie hörte die tiefen Atemzüge ihrer Familie nicht mehr. Mama Rosanna blieb wach oder in einem lang andauernden Wachzustand zwischen Schlaf und Konzentration; doch Mimi konnte nicht länger warten, sie spürte, dass alle Zellen ihres Körpers Ippazio zustrebten, einer Nacht, noch einer weiteren Nacht mit ihm.

Sie krümmte sich langsam, versuchte, die Bettfedern nicht zum Schaukeln zu bringen, dann setzte sie die Füße auf den Boden, der Oberkörper blieb noch im Bett, all das tat sie mit gleitenden Bewegungen. Sie warf einen prüfenden Blick auf die anderen Betten, aber es war stockfinster, und sie konnte Biagino nicht sehen, der sie mit den Augen anflehte. Mimi verließ den Schlafraum der Orlando, Biagino hustete, aber sie war schon entwischt.

Pati war dort, wo sie ihn erwartete. »Meineliebste«, sagte er, wie ein einziges Wort. »Meineliebste, Meineliebste.« Mimi sog ausgiebig den bitteren Geruch ihres Geliebten ein. »Mein Geliebter«, dachte sie und fand, dass es stimmte. Dann spürte sie im Dunkeln die kalten Lippen auf ihrem Mund, ein feuchtwarmer körniger Film wie die Schale einer gekochten Frucht kam hervor, sie presste die Zähne zusammen und ließ die Zunge nicht hinein, aber die Lippen hielt sie geöffnet und holte sich so den Geschmack von Ippazio in den Mund, ihren ersten Kuss.

Warnende Vorzeichen hatte es am frühen Morgen nicht gegeben: Mama Rosanna hatte keine besonderen Bemerkungen gemacht, obwohl Mimi sehr zerstreut gewesen war und die Besorgungen, die ihr aufgetragen waren, ungewöhnlich geistesabwesend erledigt hatte.

Viele Stunden lang pulsierte der Kuss in ihren Adern, Mimi ging mit erhobenem Kopf, und ihre Füße berührten kaum den Boden, sie marschierte mit hochgezogenen Knien. Fortwährend dachte sie sich kleine liebevolle Gespräche mit Ippazio aus, darunter auch nichtssagende häusliche Dialoge, als wäre er schon ihr Bräutigam, ihr großer dunkelhäutiger Ehemann.

Der Schlafsaal leerte sich, und wenige Menschen blieben zurück, vereinzelte Figuren wie in einer Weihnachtskrippe, die in den Tagen nach Dreikönig allmählich abgebaut wird. Zwei Frauen, ein Kind und ein kleiner Ofen, darüber stieg von ein paar feuchten Kleidungsstücken Dampf auf wie von einem Kohlebecken.

In einer Atmosphäre von Frieden und Entspannung, deren Stille nur vom Geräusch der draußen laufenden elektrischen Motoren unterbrochen wurde, wanderte Mimi ziellos um den Tisch herum wie ein irres Wesen, ein Nachtfalter, den ein schwacher Lichtstrahl anzieht; dort geschah es, während sie, ihren fröhlichsten und geheimsten Gedanken hingegeben, zum hundertsten Mal an diesem Morgen mit einem Lappen über den zackigen Rand des Tisches aus Kunststoff fuhr, dass sie Rosanna auf sich zukommen sah. Gewaltig, aber schnell wie ein Wind, der aus den Spalten kommt, und schwer wie ein Sturz kam der Schlag, eine Ohrfeige mit dem Handrücken und dann die nächste mit der noch kühlen Seite, zwei furchtbare Schläge, einer von oben nach unten, der andere von unten nach oben, wie um die Dinge wieder ins rechte Lot zu bringen. Rosanna sagte nichts und kehrte zu einem mit Stoff bespannten Stuhl zurück, wo sie ihre Stickarbeit wieder aufnahm, als wäre nichts geschehen.

Das Gesicht brannte noch, aber nicht wegen der Ohrfeigen, die harte Hand hatte eine andere Art von Mal in Mimis Innerem hinterlassen, denn sie erkannte das Muster einer unerträglichen Ungerechtigkeit, etwas, was ihr bis zu diesem Moment unmöglich erschienen war. Sie hatte immer gedacht, dass niemand auf der Welt imstande sei, etwas wirklich Böses zu tun, dass es hinter jeder Tat immer etwas gab, was gerettet werden konnte und den Menschen rettete. Diese Gewissheit war verschwunden, und Mimi hatte diese Offenbarung von dem sanftmütigsten Wesen empfangen, das sie bis jetzt gekannt hatte, ihrer Mutter, der Frau, an die geschmiegt sie einen ganzen Winter lang glücklich geschlafen hatte, einen unbekannten, strengen Winter lang, den schwierigsten Winter ihres Lebens. Wusste Mama Rosanna das womöglich, hatte sie verstanden, dass Mimi glücklich war, und sie für ihr Glück bestraft?

Der Abend verging ohne einen Gedanken an Ippazio und damit, das Weinen in der Kehle zurückzuhalten.

Solche Auftritte hatte Governo oft: Um das Territorium zu markieren, gerade so wie ein Tier, das seinen Lebensraum schützt, zog er eine Grenze. Nicht überschreiten, ab hier Gefahrenzone. Die Arbeit hier oben war nichts anderes als ein Krieg, und er kommandierte die Etappe. Erbarmen mit dem, der gelegentlich bis zu seinem Zufluchtsort gelangte, aber aufgepasst, dass man ihm nicht auf die Füße trat.

Seit zwei Tagen schleppte Antonio Orlando keine Säcke mehr, ein Vorarbeiter der Abteilung hatte Governo auf den Ausfall aufmerksam gemacht.

Wenn sie sich am Ende des Tages die Arbeitskleidung auszogen, herrschte Stille im Umkleideraum. Die Erschöpfung nahm ihnen alle Lust zum Plaudern. Governo war der Einzige, der das Schweigen durchbrach; und wenn er sprach, wurde die Stille sogar noch größer, falls das möglich war, denn was er zu sagen hatte, interessierte alle. Von ihm konnte man erfahren, was die Schweizer von den Italienern dachten und ob die Vorgesetzten mit der Arbeit zufrieden waren.

Alle vom Salento waren versammelt, Ippazio und der Vope standen aufrecht vor Governo. Antonio Orlando saß, mit gesenktem Kopf.

»Antonio, man hat mir gesagt, dass du deine Arbeit nicht machst.«

»Das stimmt nicht.«

»Ist das alles, was du mir zu sagen hast? Die Säcke sind noch immer da, wo sie gestern waren.«

»Ist nicht wahr, dass ich sie nicht mehr schleppe. Ich schleppe nur ein paar weniger.«

»Dann sagen sie wieder, dass wir Italiener …«

»Aber ich bin krank, Governo, siehst du nicht, dass ich huste? Seit zehn Tagen hört diese Scheißgrippe nicht auf.«

»Antonio, nicht dieser Ton, schrei hier nicht rum und such dir jemanden, der dir hilft, die Säcke zu schleppen, sonst werfen wir dich raus.«

Antonio hob den Kopf und riss die Augen auf, er hatte Governos Drohung nicht verstanden.

»Wir werfen dich erst aus dem Haus und dann aus der Fabrik, du weißt, was schlimmer ist.«

Ippazio und der Vope sahen sich an. Niemand griff ein, niemand schien gehört zu haben, was Governo zu Antonio gesagt hatte. Dann wandte Governo sich an sie.

»Ihr seid jung, diese Dinge versteht ihr nicht, aber wenn hier jemand den Schwächling spielt, gehen wir alle ohne Lohn nach Hause. Habt ihr das kapiert?«

»Du bist der Schwächling«, sagte Antonio, und er wusste selbst nicht, wie er auf diesen Satz gekommen war.

»Antonio, wie nennst du mich?«

Antonio blieb stumm.

»Antonio, ich rede mit dir, sag nochmal, wie du mich genannt hast, einen Schwächling? Was redest du für einen Scheiß? Keiner nennt mich einen Schwächling, damit das klar ist.«

Governo holte zu einem Schlag gegen die Wand aus, und sein Arm fuhr über Antonios Kopf hinweg. Er hätte ihn getroffen, wenn Antonio gestanden hätte.

»Antonio, du bist alt und hast noch immer nicht begriffen, wie die Dinge laufen? Arbeite und halt den Mund.«

Antonio Orlando wandte seinen ganzen restlichen Vorrat an Geduld auf und seufzte, er hätte sich gern die tropfende Nase abgewischt, der Hustenreiz stieg ihm in den Hals, aber er versuchte mit aller Kraft, ihn zu unterdrücken.

»Und ihr, ihr seid doch auch aus Lecce wie der da, helft ihr ihm, bis er wieder gesund ist?«, fragte Governo, an Ippazio und den Vope gewandt.

Sie schwiegen.

»Also keiner von euch beiden?«

»Ich komm morgen früher und schleppe die Säcke.«

»Um sieben.«

»Von mir aus um sechs.«

»Um sechs schlafen wir noch, Dummkopf. Du bist wirklich ein … wie sagt man bei euch, *vagnune*, Bübchen?«

»Wir sind keine Bübchen, wir sind Männer«, sagte Antonio, während er sich vor Governo aufrichtete.

Das Licht erlosch, und alle gingen hinaus. Der, der gesprochen hatte und am nächsten Tag die Säcke schleppen würde, war der Vope.

Ippazio hatte kein Wort gesagt.

Was in der letzten Nacht geschah, bevor die Orlando die Glashütte verließen, ist an einen verlassenen, abgelegenen Ort verbannt, einen Ort zwischen Traum und Trugbild, der mit den nebelhaften Konturen der Bilder im Halbschlaf beginnt und in einem von Albträumen schweißgetränkten Bettlaken endet. Der Schlafsaal war mittlerweile leer, die Glashütte kurz davor, für immer geräumt und dem Erdboden gleichgemacht zu werden, um Platz für eine Wohnanlage zu schaffen. Sehr wenige waren noch geblieben. Ippazio war da, das Einzige, was für Mimi zählte. Ihre Lieben schliefen wieder tief wie zuvor, Ippazio hatte sie nie gesagt, warum sie nicht mehr zu ihm ging. Von dem unvergesslichen Kuss war das Gefühl geblieben, das sie empfunden hatte, kurz bevor sie ihre Lippen auf seine legte. Die Freude einer Vorahnung.

Im Rhythmus einer Vorahnung tanzte Mimi jetzt bis zu dem Bett, wo Ippazio schlief, aber er war nicht da. Wo war er? Im Waschraum vielleicht, doch dort würde er seine Nymphe mit den Streichhölzern nicht finden, denn die Nymphe war hier … Mimi überlegte nicht lange, was sie tun sollte, sie schlüpfte unter die Decke.

Wenige Minuten nur vergingen, doch sie schienen endlos, auch ein Gefühl der Angst stellte sich ein, das sofort verflog, als sie Schritte am Kopfende des Bettes hörte. Mimi riss die Augen auf, doch das Dunkel zeigte ihr nur den Schatten eines Mannes, einen Schatten, der Ippazio sein konnte, sie war nicht sicher.

»Ippazio?«, flüsterte sie mit zitternder Stimme, vor Sehnsucht, aber auch vor Schreck bebend.

»Ich bin's.« Aber es war nicht seine Stimme, sie konnte von jedem stammen, von einer Frau, einem alten Mann, einem Toten.

»Ippazio, bist du das?«

»Ich bin's, Liebling.« Als sie das Wort ›Liebling‹ hörte, spürte sie die spitzen Fangzähne einer Falle in ihrem Fleisch.

Wenige Sekunden vergingen, eine Zeit, die eben ausreichte, das Wort ›Überleben‹ mit einem Impuls zu verbinden, mehr nicht, kein Beweggrund, kein Gedanke, kein Abwägen des eigenen Handelns, nur der Abgrund, der sich in den wilden Tieren verbirgt, Mimis Wesen. Als sie klein war, hatte der Vater sie eines Nachts in einen Pinienhain am Meer gebracht, damit sie ihre Angst vor der Dunkelheit besiegte: Tagsüber war das ein einladender Ort, erfüllt von den Melodien der Zikaden, nachts wurde er unwirtlich, das Mondlicht durchquerte ihn mit schräg fallenden Blitzen, und sein Schimmer drang durch die Spalten der felsigen Hügel, die im Meer endeten. Die Pinien wurden durch sein Licht verlängert und in flüchtige Geister verwandelt. Der Vater hatte sie nur etwa zehn Minuten alleingelassen. Aber Mimi hatte keine Angst vor dem Dunkel, die Schwärze der Nacht war ihr freundlich gesonnen, und endlich konnte sie ihre wahre Natur beweisen, lunatisch und störrisch, weil sie sich vor niemandem außer vor ihren eigenen Gespenstern rechtfertigen wollte. Sie weinte nicht in jener Nacht, sie zitterte unter Schaudern aus einer fernen Welt, die ihr aber so vertraut war, als hätte sie immer zu ihr gehört.

Die Erinnerung an jene Nacht im Pinienhain, an die salzige Luft, die vom Meer aufstieg wie Rauch, verdichtete sich in der Veranlagung, die sie jetzt retten würde.

»Mimi, ich bin's«, sagte die Stimme in der Dunkelheit abermals. Doch Mimi fühlte sich angezogen von ihren Gespenstern, die aus der Nacht im Pinienhain und aus ihren einsamen Vormittagen zu ihr zurückkehrten, und sie glitt mit den weichen, lautlosen Bewegungen eines nächtlichen Beutetiers unter das Bett, wo sie sich vor der Stimme verkroch. Dort fühlte sie sich sicher und geschützt, während der Mann, der sich als Ippazio ausgab, mit der Hand über das leere, aber noch warme Bett strich. Mimi wusste, dass ihr Zufluchtsort sie nicht lange schützen würde: Wenn man in einer Höhle versteckt bleiben will, muss es eine Harmonie geben zwischen ihren Wänden und deinen Formen, zwischen ihrer Feuerstelle und deiner Seele. Mimi passte sich so gut wie möglich der Höhle an, machte sich klein, zwängte sich zwischen die Beine der Pritsche bis an die Wand. Sie spürte die eisernen Haken der Sprungfedern, die ihre Haut streiften und kratzten, aber sie durfte sich nicht bewegen, sie durfte nicht atmen, auch weinen durfte sie nicht, sie konnte nicht mehr tun, als die Lippen zusammenpressen, während die kalten Spitzen des Bettgestells sich in ihre Haut bohrten.

Sie hörte eine zweite Stimme.

»Giacomo, hier ist niemand.«

»Ippazios kleine Nutte war hier, sie muss noch da sein.«

»Komm, gehen wir, Governo hat die Leute draußen gerufen, ich hab's gesehen.«

»Ich will die kleine Nutte. Giacomo Marra rührt keiner an. Diesen Gefallen bin ich Ippazio schuldig.«

Entsetzen und Adrenalin ließen Mimi erstarren. Ihre Gespenster würden sie noch eine Weile beschützen, solange bis Ippazio zurückkehrte, bis Ippazio sie rettete.

»Ich weiß, wo du bist, kleine Hure!«, und während er das sagte, warf der Junge sich mit aller Kraft aufs Bett, um den Federrahmen zu beschweren, das Bett gab nach, krümmte sich wie ein Bauch und bildete einen vollendeten Bogen, Mimi fühlte, wie ihre Haut von den Spitzen der Sprungfedern durchbohrt wurde, doch dann gelang es ihr, sich der mit Haken gespickten Welle des Bettes anzupassen, die richtige Haltung einzunehmen, sie biss die Zähne zusammen, Tränen stiegen ihr in die Augen. Giacomo fing an, sich auf der Matratze zu bewegen, und er schrie, als wäre er betrunken: »Hier ist sie, die kleine Nutte, hier ist sie!«

Während er noch brüllte, erhoben sich von überallher Geräusche, ein Gepolter von Keksdosen und Blechnäpfen, das Licht vieler Taschenlampen streifte vibrierend durch die Luft. Schlagartig war das Gewicht auf Mimis Rücken verschwunden, man hörte ein Röcheln, dann den wirren Lärm eines Handgemenges, Knochen knackten, Münder wurden gestopft, Körper über den Boden geschleift, und in dem Spalt, auf den Mimi starrte, bewegten sich die Lichter. Sie erinnerten Mimi an das Leuchten eines Fackelzugs während der winterlichen Prozessionen, wenn der Tramontana an den Flammen zerrt und ein erdbebengeschüttelter Widerschein die Gesichter der Gläubigen erhellt.

Dann verebbten die Geräusche, und das Dunkel kehrte zurück. Die Nacht schälte sich heraus, das Bett wurde wieder kalt, und kalt war der Fußboden, auf den Mimi sich stützte, um mit gespitzten Ohren die Stimme zu vernehmen, die aus dem Mittelpunkt der Erde kam. Sie war sicher: Es war die Stimme der Mütter, die Stimme der Vorfahren, die ihr die Rettung zum Geschenk gemacht hatten.

1993

Salz

»Die Klippe ist nichts für den modernen Menschen.« Das dachte Federico, als er auf der weißen Brüstung des Ciolo stand, der gewaltigen, steil abfallenden Schlucht, die sich bei Leuca tief in die Adriaküste einschneidet. Der Ciolo ist ein hohes, schmales Kliff aus grauem Stein, umrahmt von spitzen Felszacken und Feigenkakteen.

Federico stieg über den glühend heißen Klippenpfad aus trockenen scharfkantigen Steinen hinunter zum Meer, aber er war barfuß. Federico stammte aus Corsano, dem Ort der »carcagni tusti«, der zähen Fersen, rundgeschliffen und rau wie der Bimsstein, seit der Zeit der Salzschmuggler über viele Generationen hinweg hart geworden.

Federico ging mit verlangsamten, weit ausholenden Schritten wie eine Katze in der Nacht. Zwanzig Meter über dem Meer flog er in das gekräuselte blaue Wasser, verschwand in einer Blüte aus weißem Schaum und schrie vor Glück, als er wieder auftauchte.

Paolo dagegen hielt sich dicht an die Ränder des Pfads und machte kleine, am Boden haftende Schritte mit gummierten Klippenschuhen, die eng wie ein Mieder um den Fuß lagen, es war, als trüge man keine Schuhe. Unter der verschwitzten Sohle aus feinem, glitschigem Gummi spürte er den harten Stein glühen. Der Schweizer wäre niemals von dem natürlichen Sprungbrett gesprungen, auf das Federico geklettert war, stattdessen stieg er bis ganz nach unten in die Bucht hinab, wo die Wellen sich nicht brachen und die Felsen glatter waren. Von dort hüpften sogar Kinder ins Wasser. Nur Kinder. Paolo ließ sich rückwärts fallen, peitschte mit dem Rücken die Meeresoberfläche und ließ sie explodieren.

Paolo und Federico schwammen aufeinander zu, aber sie sahen sich nicht an. Sie blickten in den Himmel, oder besser, hinauf zum östlichen Rand des Ciolo, wo die Büsche des Schopflavendels wogten. Von dort kam Arianna herunter. »Ich bin blind!«, schrie sie, mit den Händen fuchtelnd. Arianna hatte den Gang einer Filmdiva, die goldgelbe Badekappe, die sie auf dem Kopf trug, ließ ihre Gestalt noch schmaler erscheinen. Sie sprang von der Klippe, auf der sich die meisten Menschen drängten, und schwamm mit kräftigen Stößen auf die beiden Freunde zu. »Die Badekappe kommt!«, riefen sie ihr zu und schlugen mit den Händen aufs Wasser, so dass alle Schwimmer erschraken. Die drei schlossen sich zu einem Kreis zusammen, betrachteten einander, fanden sich wunderschön, nass wie sie waren, in ihrer Unbeholfenheit und ihrer Vertrautheit. Sie atmeten den Geruch der salzigen Gischt und des Schopflavendels zwischen den steilen Felszacken der Schlucht und dachten, dass sie noch nie zuvor so glücklich gewesen waren.

Eine Frau in roten Sandalen und einem Pareo aus Musselin spazierte über den Gehweg des Viadukts, der eisernen Brücke, die die beiden Teile der Klippe verband, den südlichen und den nördlichen, die Ausläufer des adriatischen und des ionischen Meeres. Von dort oben genoss man die herrliche Aussicht, und die Frau, die die Augen gegen die Sonne zusammenkniff und sich auf sehnigen Beinen kerzengrade hielt, die Sonnenbrille auf der Stirn mit zwei Fingern festhaltend, versuchte die winzigen Punkte im Meer zu erkennen, zu denen Paolo, Federico und Arianna geworden waren.

Als Arianna den Kopf hob, entdeckte sie in der kleinen Menge auf der Aussichtsplattform des Viadukts die Frau mit den roten Sandalen, die ihr mit der geöffneten Hand zuwinkte.

»Mama!«, schrie sie, »komm runter, das Wasser ist ganz warm!«

Mimi Orlando schüttelte den Kopf, und ihre Züge entspannten sich zu einem Lächeln, das von unten niemand ahnen konnte, dann drehte sie sich um, kehrte zum Kiosk am Rand der Klippe zurück, setzte sich auf die glatte Brüstung, wo einige Leute lagen, um sich zu sonnen, und wartete darauf, dass die drei wieder nach oben kamen. Sechzehn Jahre waren vergangen, seit Arianna in einem strengen Züricher Dezember geboren war.

Ein ganzes Leben war das her, und doch war Mimi noch immer eine junge Frau, schön, gezeichnet von kleinen Falten auf der Stirn und zwei tiefen Grübchen um die Lippen; der eine oder andere hätte sie vielleicht für ein paar Jahre älter gehalten, aber die Haut an ihren Beinen war glatt und fest wie die eines unreifen *brunellone*, so nennt man die wilden Pflaumen im Salento. Die Männer, die vor dem hölzernen Bartresen standen, taten, als ließen sie den Blick über die dichten Hecken aus Feigenkakteen hinter der Brüstung schweifen, wo die ovalen grünen Scheiben sich wie ein Origami eine über die andere schoben und sonderbare Schattengebilde auf das Weiß der gekalkten Mauern warfen. Doch nur wenige nahmen das Naturschauspiel wahr, alle betrachteten eine auf der Mauer befestigte Statue aus Muskeln und Sehnen, alle betrachteten Mimi und ihre Pose, ihren gedrehten Hals mit den Falten, die den rechtwinkligen Linien der Sommersonne folgten, die übereinandergeschlagenen, von Schweiß feucht glänzenden Beine, die Gegenlichtaufnahme einer Erscheinung.

Nach den zwei Jahren in der Schweiz war Mimi nach Tricase zurückgekehrt. Sie lebte in einem Ortsteil namens Lucugnano, einem Ort aus weißen einstöckigen Häusern in einer von Olivenhainen und Weizenfeldern umgebenen Bucht. Mitten in der kleinen Gemeinde gab es eine große Bibliothek und darin den Geist eines Dichters mit Namen Girolamo Comi, eines der vielen Gespenster, mit denen Mimi sich unterhielt.

Einmal im Jahr, am Gedenktag des Heiligen Antonius, zwei Wochen vor den Tagen der Amsel Ende Januar, wurde auf der Piazza in der Ortsmitte ein riesiger Holzstoß aufgerichtet und ein Feuer entfacht, als gutes Omen für das kommende Jahr, um die bösen Geister zu bannen und die Heiligen gnädig zu stimmen. Schon oft hatte Mimi in den fünfzehn Jahren, seit sie aus der Schweiz zurückgekommen war, das majestätische Schauspiel mit feuchten, glücklichen Augen bewundert, und es war einer der wenigen Momente, in denen sie Zufriedenheit empfand. An Winterabenden, die nach Kamin und den im Feuer knackenden Olivenzweigen dufteten, ging Mimi auf die Piazza, wo der geweihte Scheiterhaufen glühte. Arianna hatte sie immer begleitet, die Wärme und die Flammen, die den Ort wie außerirdische Lichter erhellten, rührten beiden, jeder auf eigene Weise, das Herz.

Vor einigen Jahren war auch Großmutter Rosanna in einer solchen Nacht dabei gewesen, als ihr die Kälte noch nicht derart in die Knochen biss und sie an Winterabenden nach draußen gehen konnte. Das Feuer war wie ein großes Temperagemälde in Rot und Orange, die Flammenzungen dehnten sich aus wie Gummibänder, und die drei Orlando-Frauen schmiegten sich eng aneinander, Arianna und Rosanna suchten Mimis Nähe, sie stand in der Mitte und bewegte sich im Rhythmus einer Musik, die nur sie hörte.

»Ist dir kalt?«, fragte Rosanna.

»Nein, Mama, ich möchte tanzen und Spaß haben. Lasst uns den Heiligen feiern.«

Aus dem Prasseln der Lohen hörte Mimi ein Geräusch, und dieses Geräusch kam nicht nur vom verkohlenden Holz, das mit seinem Zerfall eine graue Spur an den schwarzen Himmel malte, es waren die Töne eines musikalischen Systems, das sie anfeuerte und sie beherrschte. Sie allein.

In Ariannas Personalausweis stand derselbe Geburtsort wie der vieler ihrer Altersgenossen und Landsleute: Zürich. Ihre Haut war blass, ihre Augen dunkel wie Tonerde, die Haare kastanienbraun, doch die Farben ihres Körpers änderten sich im Sommer, wurden heller: die Haare kornblond, die Augen glichen dem Meergrün mancher sonniger Morgen, ihre Haut aber wurde milchkaffeebraun.

Schon mit zehn Jahren hatte sie angefangen zu arbeiten, in einem von Freunden betriebenen Kiosk an der Küste von Tricase Porto, wo die kleinen Fischerboote lagen, die hinausfuhren, um Seebarben zu fangen, und ihre Sommer verbrachte sie damit, zusammen mit zwei Kindern aufzuwachsen, die entwurzelt waren wie sie: Paolo und Federico.

Paolo war mager und blass. Er war wirklich Schweizer, in jedem Ort des Salento gab es Kinder, die »Schweizer« genannt wurden. Es waren die Kinder von Vätern, die hinter den Alpen geblieben waren, Frauen von dort geheiratet hatten und ihre Söhne in die gute Luft am kobaltblauen Meer des Salento schickten.

Federico war der Sohn vom Vope, dem Mann, der vor vielen Jahren die gemeinsamen Nächte von Pati und Mimi bewacht hatte. Mit seinen Eltern war er nach Corsano gezogen, dem kleinen Ort der Strümpfe und Fahrräder unweit von Tricase. Kräftig war er und größer als normal für sein Alter, dunkel, sonnengebräunt auch im Winter.

Im Sommer kamen Federico und Paolo jeden Tag mit dem Fahrrad zu dem Kiosk, wo Arianna arbeitete. Wenn sie die abschüssigen Straßen hinunterfuhren, nahmen sie die

Hände vom Lenker und warfen sie dem blauen Horizont entgegen, dann gelangten sie zu den großen Wellenbrechern, die die Form von Nägeln mit drei Köpfen hatten, und von dort flogen sie ins Meer. Nach Ariannas Arbeitsschicht gingen sie zu dritt zum Viadukt des Ciolo, um von den hohen Felsen aus ins Wasser zu springen.

Wenn Mimi mitkam, was selten geschah, war das ein Fest für Federico und Paolo. Mimi nahm sie mit in die Bar, spendierte ein Eis, und dann zahlte sie die Spielmarken für eine Partie Tischfußball.

Auch an diesem Tag fanden sich alle vier um den Spieltisch zu einer Partie Kicker versammelt.

Die Stangen glänzten, die Männchen aus rotem und blauem, mit schwarzen Flecken übersätem Plastik warteten nur darauf, gelenkt zu werden, der unter der Sonne uneben gewordene grüne Kunststoffrasen leuchtete.

»Arianna, du spielst mit mir«, bestimmte Mimi, die in all den Jahren bisher immer neben Paolo gestanden hatte.

»Aber Paolo und Federico sind zusammen unschlagbar!«, protestierte Arianna, während sie die Badekappe, die sie kurz zuvor während des Sprungs getragen hatte, in der Luft schüttelte.

»Ich bin stärker als die beiden«, erklärte Mimi selbstbewusst.

Noch nass vom Schwimmen hörten Paolo und Federico der Diskussion zwischen Mutter und Tochter über die Aufstellung der Mannschaften stumm zu. Paolo bemühte sich, gerade zu stehen und den Bauch einzuziehen. Als kleines Kind war er zum Schwimmen geschickt worden, weil seine Schulterblätter wie Engelsflügel hervorstanden, doch ihm war diese Deformation nie besonders entwürdigend erschienen, oft schaute er sich im Spiegel an und bewegte nervös die Knochen, die aus der Schulter herausragten.

Sie sahen aus wie die Knorpel eines Säuglingsengels, der sich noch entwickeln musste, dem aber ein phantastisches himmlisches Schicksal bestimmt war.

»Ariannas Mutter ist echt scharf«, sagte Federico wie nebenbei und berührte Paolos schmächtigen Rücken.

»Sie ist nicht scharf, sie ist schön.«

»Jedenfalls würde ich es tausendmal mit ihr machen.«

»Mir ist Arianna lieber.«

»Du kapierst wirklich gar nichts, Paolo, Mimi ist eine Frau, Arianna ist ein kleines Mädchen.«

»Sie ist aber auch scharf.«

»Ich will sie mir nicht großziehen, ich will sie erwachsen. Und meiner Meinung nach hat Ariannas Mutter sich hier schon viele großgezogen.«

Aber während Federico so redete, lächelte er der Tochter zu, nicht der Mutter.

»Meiner, meiner, meiner«, trällerte Arianna, die geschlossene Faust vor Federico schwingend. Er tat dasselbe. Nach wenigen Sekunden senkten beide die geöffneten Hände, um ihre Zahlen zu vergleichen.

»Drei.«

»Zwei.«

»Macht fünf. Eins, zwei, drei, vier, fünf, der Ball geht an uns.«

Mimi steckte die Spielmarke in den Schlitz und zog den Hebel zu sich heran. Klackend fielen die weißen Kugeln heraus.

Arianna zählte sie.

»Es sind neun.«

»Das gibt kein Unentschieden!«, rief Mimi siegessicher aus.

»Denken Sie schon an ein Unentschieden, Signora?«

»Nenn mich Mimi, Federico, und mach die Augen auf.«

Und über ihr Gesicht lief ein ungewohnter Schatten, das warnende Vorzeichen, dass sie während des ganzen Matches nicht mehr die hilfsbereite, großzügige Mutter ihrer Freundin sein würde, sondern eine Gegnerin.

Die Spieler nahmen ihre Plätze ein, Mimi suchte sorgfältig den ersten Ball aus, drückte ihn zwischen Daumen und Zeigefinger, als wäre er aus Gummi, schlug ihn an der Kante auf und warf ihn ins Spiel.

Mimi hielt die Stangen des Mittelfelds und des Angriffs, doch kaum landete der Ball auf der Seite der gegnerischen Angriffsspieler, nahm Federico ihn in Besitz, zielte, ließ die Figuren losschnellen und traf.

»Arianna, heute bist du schwach.«

»Ich weiß nicht, wie man die Verteidigung spielt, Mama.«

»Halt den Torwart fest und beweg ihn nicht, beweg nur die Verteidiger, zieh nicht an der Stange, sonst bleibt das Tor unbewacht, lass mich nur machen.«

Aber Mimis Ratschläge schienen in den Wind gesprochen.

Beim 4:1 stand ihr Entschluss fest.

»Wir wechseln die Plätze, Töchterchen. Bist nicht in Form heute.« Es kam im Dialekt und schroff heraus, Arianna reagierte beleidigt.

Mimi stand nun am Tor, aber auch Paolo auf der anderen Seite des Spielfelds war ein bisschen schlaff, es genügte, am Heer von Federicos Spielern vorbeizukommen. Ein Heer, ja, denn sie waren so stark, schnell und erbarmungslos, dass es Dutzende zu sein schienen. Aber Mimi kannte einen geheimen Trick. Nachdem sie ein paar Bombenschüsse versucht hatte, die nichts bewirkten, außer Federicos Mittelfeld Ehre zu machen, schickte sie den Ball durch ihren Torwart auf eine lange, gekrümmte Bahn. Es war fast ein Pass, bei dem der Ball sich jedoch um sich selbst drehte. Federico staunte und ließ den Ball durchrollen, damit Paolo ihn spielte, doch die Kugel hatte einen so starken Drall, dass Paolo sie nicht einmal streifen konnte. 4:2. Zwei weitere angeschnittene Schüsse und ebenso viele Tore später bückte sich Mimi vor dem schwarzen Spalt des Spieltischs, wo die letzte weiße Kugel herausrollte. Sie nahm sie, küsste sie und legte sie auf den Rand.

»Wer jetzt trifft, gewinnt, um was wetten wir?«

»Ein Bier, Mimi, kaufst du uns ein Bier?«, bettelte Federico und versuchte mit Ellenbogenstößen, Paolos Zustimmung zu bekommen, aber der rührte sich nicht.

»Und ihr, was bekomme ich von euch, ihr habt doch nicht mal eine Lira in der Tasche?«

»Wir zahlen ein Pfand.«

»Dann kommt zu mir und arbeitet einen Tag lang für mich, bei mir gibt's eine Menge zu tun.«

Arianna warf den Ball seitlich in einem Bogen aufs Feld, Federico erwischte ihn noch im Flug und schoss mit aller Kraft auf Mimis Torwart, aber sie hielt die Stange fest umklammert, gab den Ball nach vorn bis zu ihrem Verteidiger weiter und versuchte erneut einen langsamen, angeschnittenen Schuss, doch dieses Mal ließ Federico sich nicht täuschen. Mit einem kräftigen Zug an der Stange klemmte er den Ball an der Seite des Spieltisches fest. Aber er hatte zu abrupt gezogen, der Ball rolltc gegen Ariannas Figuren, sie schoss, der Ball prallte an Paolos Verteidigern ab und schlug gegen die Bande, raste zwei, drei, vier Mal hin und her, dann flog er davon wie ein Geschoss.

Mit synchronen Bewegungen ihrer Köpfe folgten Paolo, Federico, Arianna und Mimi der Bahn der weißen Kugel und sahen sie schließlich in Richtung Klippe zwischen die Büsche fliegen.

Nicht mehr als ein Augenblick verging, dann beherrschte Federicos Gestalt das Bild. Er sprang auf das Mäuerchen, gegen die Sonne des späten Sommernachmittags wie

Bronze glänzend. Arianna lief ihm hinterher und rief, sie habe gesehen, wo die Kugel gelandet war, aber Federico hatte es auch gesehen.

Mit nackten Füßen hüpfte Federico über die Felsen. »Da hinten ist sie!«, sagte Arianna, auf eine der vielen wuchernden Feigenkakteen weisend. Federico wandte sich zu ihr um, kniff die Augen zusammen, bis sie zu zwei dunklen Ovalen wurden.

»Da gibt es Schlangen.«

»Schlangen am Meer? Was für ein Unsinn!«

»Lass uns unentschieden sagen, Arianna.«

»Hast du etwa Angst?«

»Ich habe keine Angst.«

»Dann geh und sieh nach, ob du was findest.«

Federico, bei seinem Stolz gepackt, ging zu dem Feigenkakteengebüsch und bog den Stamm mit der Fußspitze beiseite. Keine Spur von dem Ball, er wandte sich zu Arianna um und blickte in ihre braunen Augen, die im Sommer unter der Sonne hell wie Aquamarin wurden, er sah ihr eckiges Gesicht, das Ebenbild von Mimi, den kleinen, schmalen Körper, die Hände in einer Pose zwischen Missbilligung und Erwartung in die Seiten gestemmt. Ein unwiderstehlicher Drang sie zu küssen stieg Federico ins Blut.

Unterdessen starrte Paolo auf einen undefinierbaren Punkt am Horizont über dem Meer, als habe er gerade ein Schiff auf hoher See erspäht, doch das tat er nur aus Schüchternheit. Mimi beobachtete ihn neugierig, dabei presste sie die Lippen zusammen und machte eine Grimasse, um ihn zum Lachen zu bringen.

»Du musst mehr essen, Paolo, oder willst du bald ganz verschwinden?«

»Ja, Signora …«

»Mimi.«

»Ja, Mimi, bitte entschuldigen Sie.«

»Entschuldige bitte, nicht entschuldigen Sie.« Und sie streichelte ihn an der Stelle, die unter Federicos Ellenbogenstößen gelitten hatte.

Federico küsste Arianna nicht.

Er versuchte es nicht einmal. Die Kugel fand er nicht. Stattdessen wurde ihm etwas klar. Arianna musste immer da sein. Während er noch einem Anfall von Redseligkeit nachgab, ein Versuch, sie zu unterhalten und seine Schüchternheit zu verbergen, ausgerechnet da, als er gerade begonnen hatte, sie in einem neuen Licht zu sehen – ein Mädchen, dem man den Hof machen musste, keine Spielkameradin beim Schwimmen und Kickern – gerade in dem Augenblick, als er im Aufruhr seiner Gefühle wühlte, stiegen Schreie zum Himmel auf.

Auf den ins Meer hineinragenden Felsvorsprüngen hatten sich Dutzende Schatten erhoben, die, ihre Augen mit der Hand gegen die Sonne abschirmend, den Horizont musterten: Dort kämpften zwei noch unbestimmbare Schiffe mit den Wellen. Gewöhnliche Fischerboote waren es nicht, sondern zwei überfüllte Kähne, sie sahen aus wie eine Skulptur von Arcimboldo, doch statt Weintrauben klammerten sich Menschentrauben an diese Boote. Auf den Klippen war das anfänglich anschwellende Stimmengewirr inzwischen verstummt, alle Aktivitäten, die Gespräche und Rufe, die Geräusche des Windes zwischen den Wellen und den Wasserpflanzen waren wie zeitweilig aufgeschoben. Arianna und Federico krochen in einen Spalt aus Steinkorallen, hockten sich nebeneinander hin.

»Fede, was sind das für Leute?«

»Was weiß ich, Albaner vielleicht?«

Mimi Orlando war zur Brüstung zurückgekehrt, von wo aus sie ihre Tochter beim Schwimmen beobachtet hatte, und jetzt wartete sie unter einer milderen Sonne mit längeren Schatten auf die Ankunft der Boote, die da draußen dem Meer ausgeliefert waren.

Seit Monaten kamen zu Dutzenden Boote mit Männern, Frauen und Kindern an. Unvermeidlich wurde Mimi an ihre Reise vor über fünfzehn Jahren erinnert, an das Misstrauen gegenüber den Leuten aus Bari und den vermeintlich Cholerakranken, an die Sonntagnachmittage, wenn die Schweizer verschwanden, um ihnen Platz zu machen, den *Tschinkeli* mit der Unterhaltungsmusik und der Mundharmonika von Mincuccio Vierzunull. Sie erinnerte sich an den Zug in die Schweiz, der seine Fahrt allmählich verlangsamte, wenn er in die Bahnhöfe kam, an das Kreischen der Bremsen, das immer lauter wurde, bis es unerträglich war, und an den Moment, als sie in den Züricher Bahnhof einfuhren, den Höhepunkt der eisernen Folter für die Ohren, die schlagartig abbrach, um in ein Rauschen überzugehen.

Jede Nacht klopften bei den Leuten, die in den *pajare* in der Nähe des Ciolo, auf der Serra und in Tricase Porto wohnten, Männer und Frauen in nassen Kleidern an die Tür, baten um Hilfe und Trost. Oft überlegte Mimi, was wohl geschehen wäre, wenn mitten in der Nacht tropfnasse Menschen mit Salz in den Haaren vor ihrem Haus in Lucugnano gestanden hätten.

Gewöhnlich flammten am späten Abend auf dem Meer neben den Lampen der Fischerboote kleine rote Lichter auf, wie die Blinklichter der Flugzeuge am Himmel, das waren die elektrischen Augen der Gummiboote und Schaluppen, die die Emigranten etwa zwanzig Meter vor der Küste in das dunkle Wasser abluden. Seit einigen Monaten ließen sie die Menschen in immer größerer Entfernung zum Ufer oder nahe bei den Klippen aussteigen, wo die Küstenwache sie nicht so leicht entdecken konnte.

Auch diese Landung folgte dem üblichen Ritual, wenige Meter vor der Küste leerten sich die Boote rasch, und auf dem Wasser bildete sich weißer Schaum, als wäre manch einer über Bord gestoßen worden. Gleich darauf verwandelten sich die Boote wieder in das, was sie wirklich waren: Motorschiffe, keine Flussfähren. Zwei Männer am Steuer wendeten inmitten der aus dem Wasser ragenden Köpfe, zogen an einem schwarzen Seil, das an der bunten Motorhaube baumelte, man hörte ein Knallen, dann fuhren sie los, um im dunkelblauen Nebel des Horizonts zu verschwinden.

Vor dem Kiosk hatte sich der Barmann, ein dickleibiger Mensch mit einem angedeuteten weißen Oberlippenbärtchen im geröteten Gesicht, neben Mimi auf die Brüstung gesetzt.

»Das ist nicht richtig. Das tut man nicht«, sagte sie zu sich selbst, nicht ahnend, dass man sie hörte.

»Signora, ich habe mal einen von denen beherbergt, seien Sie vorsichtig, der hat sogar meine Wasserhähne mitgenommen.«

»Danke für diese Information, das könnte mir nützlich sein.«

»Gern geschehen.«

»Wenn diese Reisenden eines Nachts bei mir anklopfen, werde ich die Wasserhähne im Bad abschrauben und in Sicherheit bringen, bevor ich ihnen aufmache.«

»Wenn Ihnen genug Zeit dafür bleibt …«

»Natürlich, ich werde diese unerwarteten Gäste eben ein bisschen warten lassen, aber dann finden sie das Haus schon vorbereitet vor.«

»Vergessen Sie nicht die Seife, die Klobrille und die Handtuchhaken, diese Leute sind wie Heuschrecken.«

»Verstehe. Ich wüsste allerdings nicht, wo ich das alles verstecken sollte.«

»Hören Sie auf mich, nicht da, wo Sie Ihr Geld aufbewahren, sonst machen Sie denen am Ende noch ein Geschenk.«

»Aber warum haben Sie sie dann aufgenommen?«

»Weil ich katholisch bin.«

»Eine schöne Geste.«

»Und wie hat man es mir vergolten? Man hat mir das Haus ausgeplündert.«

»Warum sind sie gerade zu Ihnen gekommen?«

»Weil ich ein Haus hier in der Gegend habe, und außerdem, weil ein Typ, der schon hier in die Bar kam, als er noch in kurzen Hosen Fahrrad fuhr, mir zwei Millionen Lire gegeben hat, damit ich sie aufnehme.«

»Ein Akt christlicher Nächstenliebe.«

»Ja, der ist wirklich ein guter Christ.«

»Nicht so gut wie Sie, der Sie Ihre kostbare Badezimmerarmatur verloren haben.«

»Naja, kostbar nicht, aber sauer bin ich schon.«

»Signor …«

»Giuseppe.«

»Ok, Giuseppe.«

»Sie können mich gerne duzen, Signora.«

»Danke, lieber nicht, ich bin noch ein Mädchen.«

»Aber Sie haben doch schon eine große Tochter.«

»Stimmt, doch ich sieze alle Menschen, die erwachsener sind als ich und viel mehr zu wissen scheinen als ich.«

»Ich danke Ihnen.«

»Bitte. Sie haben mir einen wichtigen Rat gegeben.«

»Wegen des Geldes?«

»Auch das, aber vor allem wegen der Wasserhähne. Ich gehe sie abmontieren.«

Paolo hatte schweigend zugehört. Der Ausdruck freundlicher Nachsichtigkeit war Mimi nicht eine Sekunde lang aus dem Gesicht gewichen, Paolo hatte nicht alle Nuancen des Gesprächs verstanden, aber es hatte ihn fasziniert, denn in Mimis Worten lag mehr als sie sagte: Während der Barmann antwortete, suchte sie Paolos Blick und lächelte sardonisch.

Dann begann das Meer zu lärmen, die Rufe der Leute auf den Klippen feuerten die zum Ufer schwimmenden Menschen an, zwei von ihnen schafften es nicht, nach den Schreien zu urteilen, waren es junge Frauen oder Kinder.

Niemand schien sie zu bemerken in dem Durcheinander aus Schaum und Schreien, alles ging im Chaos unter. Jedes Jahr nahm die Madonna dell'Assunta am Tag von Mariä Himmelfahrt jemanden mit sich, darum gebot der Brauch, am 15. August dem Meer fernzubleiben. Aber Ferragosto war noch weit. Arianna und Federico wussten das, und nachdem sie einen kurzen Blick gewechselt hatten, sprangen sie von der Felszacke. Es war ein langer, mächtiger Flug, mindestens zehn Meter, senkrecht stürzten sie ins Wasser, die Füße aneinandergelegt und mit zugehaltener Nase, sie tauchten wieder auf und schwammen sofort mit wilden Stößen auf zwei kleine Kreise aus elfenbeinfarbenen Schaumblasen zu. Viele Menschen hatten unterdessen das Ufer erreicht, außer diesen beiden, die verzweifelt mit den Armen fuchtelten. Federico war schnell und steuerte auf die zu, die größere Schwierigkeiten zu haben schien, obwohl sie schon näher am Ufer war. Arianna suchte das andere Mädchen, doch als sie bei ihr angekommen war, sah sie sich zu ihrem Erstaunen einem Kind gegenüber, einem Kind, das vergeblich versuchte, sich reglos auf dem Rücken liegend an der Oberfläche zu halten, wie man es ihm vermutlich während der Überfahrt beigebracht hatte. Federico dagegen schlug sich mit einer Frau herum, vielleicht die Mutter des Kindes, und während er sie um den Hals fasste, sah er die Berge und die Formationen der Landschaft verschwinden, alles verschwand, nun musste er sich auf seine Ohren verlassen, den Geräuschen folgen und in die Richtung schwimmen, aus der die Stimmen kamen, die seine Rettung waren. Beim Handgemenge mit der Frau versank er im Schaum, winzige Wellen schwappten über seine Augen, das Meer öffnete sich weit, und unter ihm wogte der Wald des Meeres: rosa Bäume, samtige fadenförmige Anemonen und dicht mit Beeren besetzte orangefarbene Algen. Federico bemühte sich, die Augen offenzuhalten, darum konnte er sogar die Steine auf dem Grund erkennen, einer davon bewegte sich, darunter kam ein schwarzer Tentakel hervor, während ein hellblaues Wesen sich zwischen seinen Beinen hindurchschlängelte und verschwand.

Als er es endlich ans Ufer geschafft hatte, war ihm, als müsste seine Brust zerspringen, er wollte erbrechen, seine Knie gaben nach, die Muskeln an den Oberschenkeln schmerzten, doch die Gedanken liefen zu Arianna, und als er sie nicht sah, nur fremde Stimmen um sich herum hörte, viele Stimmen, die unbekannte Worte in einer fernen Sprache sagten, da fühlte er sich trotz seines schmerzenden Körpers der Verzweiflung nah. Bedrängt vom Rauschen des Meeres und dem Weinen der jungen Frau, die er gerettet hatte und die jetzt mit Ohrfeigen traktiert wurde und Luft aus einem Beatmungsgerät bekam, wurde ihm bewusst, dass er ohne Arianna nicht überleben konnte, Arianna zu verlieren, würde ihn in den Wahnsinn treiben. Federico drehte sich zum Meer um und sah ein Mädchen mit einem Kind an der Hand ruhig am Ufer entlanggehen, als hätten sie ein normales Bad genommen. Der steinige Strand, der sich ins Meer hineinfraß, füllte sich mit Menschen, die das Mädchen mit dem Kind umringten. Es war Arianna, und sie wirkte nicht einmal erschöpft, sie fuhr sich mit der Hand in den nassen Haarschopf, um die Strähnen auszuwringen.

Obwohl Federicos Beine sich anfühlten, als steckten zwei Bleigewichte darin, ging er ihr entgegen. Durch Mund und Nase sog er so viel Luft ein, wie er konnte, und küsste ihre Lippen.

Biagino Orlando war zu Celestino geworden, weil er eine Zeitlang mit einem hellblauen Haarschopf durch Tricase gelaufen war; andauernd hing er in Gesellschaft eines gewissen Catone herum, niemand wusste, ob Catone der Name, der Nachname oder bloß ein Spitzname war.

Nach einer Phase Mitte der achtziger Jahre, die man der Einfachheit halber als »Punk« bezeichnen könnte, geriet Biagino in eine zweifelhafte Clique von Trinkern, aus der er wieder ausstieg, als die Trinker sich in Fixer verwandelten. Das sandfarbene Pulver, das man in Löffeln auflöste, interessierte ihn nicht. Celestino ging es nur darum, sich mit Alkohol zu betäuben und die eigenen Grenzen jeden Tag etwas weiter zu überschreiten, sich zu betrinken bedeutete für ihn, den Dingen auf den Grund zu gehen.

Als Arianna klein war, hatte Celestino viele Stunden am Tag mit ihr verbracht. Rosanna versuchte zwar nach Kräften, ihre Enkelin von dem unverbesserlichen Trinker-Onkel fernzuhalten, doch das gelang ihr nicht immer. Biagino hatte sie mehrmals von der Schule abgeholt und auf eine seiner hemmungslosen Sauftouren mitgeschleppt. An manchen Nachmittagen, wenn weder Mimi noch Rosanna Zeit hatten, behielt er Arianna als Maskottchen bei sich. Eines Tages vergaß er sie in einer Bar in Tricase mitten in der Altstadt, und noch heute erzählt man sich mit jener besonderen Mischung aus Einverständnis und Vorwurf diese Geschichte.

Tricase ist ein kleines Städtchen, doch in seinen Vierteln, die mit ihren engen rechtwinkligen Straßen satellitengleich um den Ortskern kreisen, verläuft man sich leicht. Man verläuft sich leicht nach vielen Runden mit Giacomo Daniele, vielen Zweikämpfen zwischen ihm und Celestino.

In jeder Bar von Tricase wurden aus den Flaschen, die sich funkelnd vor den neonbeleuchteten Wandspiegeln hinter den Theken aufreihten, kleine Bühnen aufgebaut. Die Spirituosen erhielten neue, phantasievolle Namen, zum Beispiel nach der Farbe der Bierflaschen: »die Grüne« oder »die Infusion«, wenn das Glas dunkel war, »die Mähne« hieß der Schnaps, auf dessen Etikett ein Mann mit dichtem Haarwuchs abgebildet war, »die Erste Hilfe« war der Kräuterbitter mit einem roten Kreuz auf der Flasche, und schließlich »die Perücke« für den Scotch, wegen des Profils eines Mannes aus dem 18. Jahrhundert mit einer weißen Perücke. Über allen aber thronte der Whisky, den Biagino »Giacomo Daniele« nannte.

»Via Crucis« hieß die Runde durch die Bars, die Celestino unternahm, wenn der Tag begann. Es waren etwa fünfzehn Stationen, und wie beim Kreuzweg unseres Herrn Jesus Christus gab es Momente der Geißelung und sogar ein bisschen Auferstehung.

Celestino und Giacomo Daniele vertrieben sich die Zeit mit geschliffenen Reden. Giacomo Daniele hatte sich, schon recht ausgezehrt, auf dem Grund eines bauchigen Glases abgesetzt und wurde von Biagino verhört: »Warum lachst du mich heute Abend nicht an?« Diese Frage wurde dem leeren Glas häufig gestellt, wenn auf dem Boden in der Mitte eine holzbraune Perle geblieben war, in der der letzte Tropfen Whisky schlief.

Eines Abends hatte Giacomo Daniele wirklich gelacht. Celestino war mit Catone in der Bar Millevoglie, deren Inhaber Samuele, ein altersloser Barmann, im Krieg in Russland gekämpft hatte, von wo er mit drei Fingern weniger und am ganzen Körper mit Wunden bedeckt auf unerfindlichen Wegen zurückgekehrt war. Er lachte ohne

Zähne, seine echten hatte er vor Jahren verloren, das Gebiss schlief in einem Glas mit Wasser voller Bläschen, und eines Abends servierte er es versehentlich seinen Kunden mit ein wenig Giacomo Daniele. Die Kunden waren Catone und Celestino, die auf dem Grund eines der soeben hinuntergekippten Gläser Samueles Zähne fanden. Doch für Biagino Orlando, den frommen Trinker von Tricase, war dies nicht das Gebiss seines Barmanns, des ehemaligen Soldaten, sondern das phantastische Lächeln von Giacomo Daniele, der ihn aufforderte weiterzumachen: »Trink, Biaggì, trink, denn das Leben ist kurz.«

Wenn Celestino am frühen Morgen aus dem Haus ging, wusste er, dass er Biagino Orlando hieß, wenn er am späten Abend heimkehrte, konnte er sich im Spiegel nicht mehr erkennen und sich keinen Namen geben. Rund um Lucugnano, Tricase, Corsano und Tiggiano gab es keine Bar, in der er nicht Stammgast war. Oft brachte man ihn bewusstlos nach Haus und legte ihn, von Rosannas und Antonios verzagten Blicken begleitet, ins Bett. Dann liefen sie in das Zimmer ihres Ex-Kindchens, das fast immer vollständig bekleidet auf der Bettdecke schlief.

Eines Abends musste der Vater ihn in Porto Miggiano abholen, einem etwa zwanzig Kilometer von Tricase entfernten Streifen aus Kieselsteinen zwischen den grünenden Hügeln der Steilküste. Celestino schlief auf den meeresfeuchten Steinchen und erschreckte mit seinem Schnarchen die Einsiedlerkrebse. Antonio zog ihn hoch, lud ihn sich auf den Rücken und trug ihn zum Auto, das mit geöffneter Tür und brennenden Scheinwerfern in der großen Kurve von Villaggio Paradiso wartete.

Die mythologische Erzählung von Aeneas, der seinen Vater Anchises auf dieselbe Weise, wie er jetzt seinen Sohn zum Auto trug, aus dem brennenden Troja getragen hatte, kannte Antonio nicht. Doch wenn er sie gekannt hätte, hätte er bitter belächelt, dass sein Leben so wunderlich verlaufen war.

Antonio Orlando spürte, wie die Anstrengung ihm den Atem nahm. Während er die Stufen aus Betonblöcken hinaufstieg, die zur Schnellstraße führten, empfand er Biaginos Gewicht als leicht, doch beschwerlich war ihm der Herzschlag in der Brust seines Sohnes, und mit dessen keuchendem Alkoholatem legten sich die Jahre in der Ternitti wieder drückend auf Antonio. Als er beim Auto ankam, warf Biagino sich auf den Asphalt und begann zu schwimmen. Er wollte leben, das Kind wollte durchhalten.

Celestino war auch der bekannteste Anhalter der Gegend. Jeder hatte ihn schon mindestens einmal in sein Auto geladen, nach Schnäpsen und Schweiß stinkend, aber harmlos wie eine Straßenkatze.

Mama Rosanna und Papa Antonio behielten ihn bei sich zu Hause, sie waren in den letzten fünfzehn Jahren auch dank der Heldentaten dieses verwilderten Sohnes gealtert. Antonio hatte alle Haare verloren, sein Gesicht war eingefallen. Seine Stimme war ein dünnes Gepiepe geworden, die Stimmbänder zerschlissen. Die Jahre in der Ternitti machten sich bemerkbar, sie schliffen Antonios Stimme und Gestalt ab, nach und nach schrumpfte er in seinen Kleidern, verschwand hinter den Werkzeugen auf den Feldern, wo er immer seltener arbeitete. Diese zwei Jahre, nur zwei Jahre Ternitti hatten ihn ganz und gar aufgefressen.

Einen Tisch, einen Satz Karten und eine Korbflasche Wein, mehr brauchte man in den kleinen Orten nicht.

Irgendeinen Wein, irgendeinen Tisch, das war egal, aber die neapolitanischen Karten mussten in Ordnung sein, sauber, ohne Knicke und Flecken, an denen man sie hätte erkennen können. Gespielt wurde auf freien Plätzen in den Gassen des Ortskerns.

In Andrano gab es alte Männer, Fischer, die sich, sobald sie eine verlassene Garage sahen, mit Stühlen, Karten und ein wenig Wein darin einschlossen, um eine Runde zu spielen.

Das Spiel ähnelte dem Briscola: ein Mannschaftsspiel, vier Spieler, zwei Flaschen Wein. Zweck des Spiels war, weniger kühne Spieler und die, die weniger vertrugen, betrunken zu machen, während erprobte Trinker gedemütigt und auf dem Trockenen sitzen gelassen wurden.

Celestino war der perfekte Spieler in der zweiten Kategorie. Das ideale Opfer. Einer, den man wie den Esel hinter der Karotte herlaufen lassen konnte.

Wer die Karte mit dem König der Münzen zog, durfte der Herrscher, der Padrone sein, wer den Buben hatte, wurde der Kuppler, der die Karten ausgab und den Wein einschenkte, und die Dame war der »Sotto«, der Unterlegene, der die Launen des Padrone ertragen musste.

Trinken oder nicht trinken.

Jede Runde, jede Verleihung des Herrschaftstitels wurde von feierlichen Erklärungen begleitet, rituellen Formeln, die an die Anredeformen zwischen Adeligen und reichen Bürgerlichen erinnerten.

»Celestino, spielst du eine Runde Padrone und Sotto?«

Und getrieben von seiner Sucht machte Celestino seinen kleinen Einsatz, in der Hoffnung auf ein paar Runden Wein. Aber immer fiel ihm die Rolle des Sotto zu, der nicht trinken darf, und manchmal verhöhnte ihn das Schicksal mit der Karte des Kupplers, der das Maß Wein festlegt und den leer ausgehen lässt, der dem Alkohol nicht widerstehen kann.

Die wildesten Spiele wurden an den Abenden vor Weihnachten oder Ostern gespielt, wenn der Pfarrer Don Oronzo einem von ihnen befahl, auf die Schalttafel für das Geläut aufzupassen und die Glocken zu den festgesetzten Zeiten läuten zu lassen.

Der Verantwortliche für das Geläut wurde beim Padrone und Sotto unvermeidlich zur Zielscheibe und erhielt nach jeder Runde pünktlich sein randvoll gefülltes Glas. Wenn es Celestino zufiel, die Schaltknöpfe der Glocken zu überwachen, wurde Padrone und Sotto mörderisch, denn statt mit Wein spielte man mit Biancosarti, einem süßlichen Likör, dickflüssig wie Sirup, der nur mit Eis runterging, wie die Reklame empfahl, und auch den stärksten Alkoholiker betrunken machte.

Wenn die Glocken wie verrückt durch den Ort schallten, war das Celestino, der seinen Rausch verkündete.

Als sie volljährig geworden war, hatte Mimi sofort das alte Häuschen auf dem Land verlassen, wo sie aufgewachsen war, und hatte bei einem Krawattenmacher zu arbeiten begonnen, wie fast alle Frauen im Ort.

Sie setzte ihre abgebrochene Schullaufbahn fort und erwarb die Mittlere Reife in einer Abendschule.

Sie versteckte sich nicht mehr unter Betten, sprach aber weiterhin mit sich selbst und begegnete ihren Vorfahren, die sie nachts besuchen kamen und ihr tagsüber in Gestalt von Zeichen erschienen: einer Dampfwolke, einem fernen Donner oder der Spur eines Flugzeugs am Himmel.

Am Arbeitsplatz mied sie Vertraulichkeiten, pflegte nur wenige ausgewählte Freundschaften wie die mit Anna und Teresa, zwei Frauen, die etwas jünger waren als sie. Anna war klein und dunkel, seit vielen Jahren verheiratet mit einem Mann, der oft längere Zeit nicht zu Hause war, weil er auf Kreuzfahrtschiffen arbeitete; Teresa dagegen war korpulent, hatte lockiges Haar, und ihr Privatleben war ein Geheimnis.

Mimi kam auch außerhalb der Krawattenfabrik mit den beiden zusammen, sonntagnachmittags versammelten sie sich zu dritt um eine Espressomaschine: ihrer speziellen Espressokanne, die sie bei ihren Treffen für eine Zeremonie mit genau festgelegten Zutaten und Zeiten benutzten. Ein Beutel Bohnen der Marke Quarta, eine elektrische Mühle und dann die Abfolge der drei Kaffees.

Zuerst wurde ein leichter Kaffee mit wenig Pulver gemacht, um die Espressokanne vorzubereiten, dann ein zweiter, der kaum probiert wurde, und zuletzt füllten sie den Filter für den dritten Kaffee, den guten. Nach diesem dritten tat Teresa so, als würde sie Mimis Hausaufgaben korrigieren.

»Diese Übungen sind zu schwer für die Mittelschule.«

Mimi wusste, dass das nicht stimmte, aber es tröstete sie, sie fühlte sich beschützt in dieser Höhle aus Zuneigung und Kaffee an den Sonntagnachmittagen in Lucugnano, wenn sie sich mit den Aromen von *puccia*-Brot, Oregano und gerösteten Tomaten füllten, den Düften der Seelenruhe.

Nach den Unterrichtsstunden wartete sie, bis ihre Schulkameraden hinausgingen, und blieb als Letzte im Klassenzimmer zurück. Die Klassenkameraden waren Männer, die auf dem Land aufgewachsen waren, oder Albaner, schweigsame Menschen, die stotterten, wenn sie im Dialekt oder mit fremdem Akzent vorlasen, der ihnen die Silben und den Mund zusammenpresste, als müssten sie ein Blasinstrument spielen. Wenn alle verschwunden waren, auch die Lehrer und das Personal, blieb Mimi allein zurück, und wenn es möglich gewesen wäre, hätte sie sich in der Schule einschließen lassen, um die Einsamkeit auszukosten; eines Abends tat sie es, versteckte sich unter einem Pult, kauerte sich zusammen und machte sich klein wie ein Kind, wie das kleine Mädchen, das vor einem Jahrzehnt unter ein Bettgestell geschlüpft war, um nicht in die Schule gehen zu müssen, und jetzt tat sie es, um zu bleiben. Doch dann verflog die Sehnsucht nach früher, und sie ließ den Wunsch zurückkehren, zu Hause bei ihrer Tochter zu sein.

In der Fabrik blieb sie manchmal bis zu zwölf Stunden am Tag, und sie nahm sich die Krawatten mit nach Hause, wo sie weiterarbeitete, die kleine Arianna auf dem Schoß. Wenn niemand das Kind zu sich nehmen oder hüten konnte, nahm sie Arianna mit zur Arbeit und ließ sie mit den Bändern der Stoffmuster spielen.

Durch ihr einzelgängerisches Wesen erwarb sie sich einen gewissen Ruf: eine, die viel arbeitete und wenig redete. Schon bald machte man sie zur Vorarbeiterin, und wenn es Überstunden gab oder schwierige Aufträge, beklagte sie sich nicht, sie atmete tiefer durch als sonst, nahm die Arbeit in Angriff und dachte: »Eine Stunde früher aufstehen und einen Kaffee weniger mit Anna und Teresa.«

»Du arbeitest zu viel«, sagte die Mutter oft. Meist ermahnte Rosanna sie knapp und direkt, manchmal aber probierte sie verschlungenere Wege, Kniffe, die wirkungsvoller sein sollten.

»Heute Nachmittag musste ich *sirta*, deinen Vater, zur Kontrolluntersuchung bringen …«, in diesem Satz Rosannas lag eine liebevolle Erpressung. Wenn du arbeitest, bin ich, deine Mutter, gezwungen, Arianna mit Biagino alleinzulassen.

Aber Mimi hatte ihren eigenen geheimen Plan. Biagino würde ihr zu Hause nützlich sein. Auch wenn er ein Säufer war, auch wenn er verdorben war, er war ein Ex-Kind mit den Weihen der Unschuld und Großzügigkeit. Er war einer, der trank, um den Dingen auf den Grund zu gehen, nicht um sie zu vergessen.

Arianna wuchs heran und brauchte immer weniger Aufsicht. Biagino, Mimi und Arianna, das war eine seltsame Kombination, aber auch ein Nest.

Eines Abends läuteten die Glocken nicht.

Biagino wurde auf den Treppenstufen an der Piazza Pisanelli liegend gefunden, ein Speichelfaden rann aus seinem Mund. Manch einer dachte, der junge Ex-Punker habe die Nacht nicht überlebt, sei zwischen einer Via Crucis und einer Runde Padrone und Sotto krepiert.

Zwei Nichtsnutze wie er, angeführt von dem unvermeidlichen Catone, rissen ein Metallgeländer aus der Absperrung um einen Brunnen und legten ihn darauf, als wäre es eine Trage. Die beiden betrunkenen Träger setzten sich mit dem Segen von Catone in Marsch. Der hatte sich ein irgendwo aufgelesenes Stück Stoff wie eine Stola umgelegt und damit als Priester verkleidet, nun salbte er Biaginos Stirn und rezitierte improvisierte, aus dem Abgrund des Vollrauschs hervorgeholte Psalmen.

Der kleine Helfertrupp verwandelte sich nach und nach in eine Prozession, Tagediebe, alte Männer und Dorftrottel begleiteten den kollabierten Celestino und seine verrückten Freunde ins Krankenhaus. Es war nicht das erste Mal, dass Biagino Orlando, genannt Celestino, nach einer Sauftour das Bewusstsein verlor.

Am nächsten Morgen tauchte im Porzellanlicht des Krankenhauses zwischen den voluminösen Hauben der Schwestern Mimis längliches, von der Sonne gebräuntes Gesicht auf. Celestino öffnete die Augen und sah eine Menge Gesichter über sich gebeugt, dann, glänzend und gesund, den schwarzen Pferdeschwanz seiner Schwester, die ihm wie eine Segnung vom Himmel erschien.

»Brüderchen, ich bringe dich zu mir nach Hause.«

»Und Mama und Papa?«
»Mit denen rede ich.«

Ein Haus mit jungem Apfelbaum vor den Toren von Tricase.

Ein räudiger Weinberg, umringt von Tuffsteinblöcken und verstreuten Büscheln Grün, eine Frau auf einem Fahrrad fährt den Hügelkamm hinauf, erhitzt von der Auffahrt und der weißen Sonne des frühen Vormittags.

»Ab morgen schläft Biagino bei uns im Haus.«

»Und wer füttert ihn durch?«

»Um Biagino kümmere ich mich.«

Die Nacht des heiligen Rochus am 16. August ist jedes Jahr eine besondere Nacht. Überall in der Umgebung gibt es Feuerwerksspektakel, in vielen Ortschaften wird der Heilige, der sie mit einem einfachen Gebet von der Pest befreit hatte, noch immer um Hilfe angerufen.

Ruffano ist eines der begnadigten Dörfer. Seit undenklichen Zeiten kreuzen die Eingeweihten ihre Schwerter bei einem rituellen Tanz zu Ehren des Heiligen. Torrepaduli ist ein Viertel von Ruffano, umgeben von Brachflächen aus festgestampfter Erde und von zwei Straßen umschlungen, die es umkreisen und durchlöchern wie die Windungen eines Darms. In der Mitte, auf dem Gipfel des Hügels, auf dem die kleine Ansiedlung liegt, steht die Kirche San Rocco. In dieser einen Nacht des Jahres kommen viele tausend Menschen von überall her, um die Gnade des Heiligen zu erbitten und bis zum Morgengrauen jenen uralten Ritualen zuzuschauen, die unter den Einwohnern überliefert werden.

Dieses Fest versäumte Mimi nie, sie verabredete sich dann mit Arianna und ihren Eltern. In diesem Jahr setzte sich die Gruppe zum ersten Mal nicht wie gewohnt zusammen. Antonio Orlando ging es seit dem Sommer noch schlechter. Es war nicht nur die Stimme, die verschwand und wiederkam.

Er wachte morgens mit einem Bronchialhusten auf, der im Laufe des Tages immer stärker wurde, bis stechende Schmerzen in der Brust hinzukamen, so stark, dass Antonio nichts mehr tun konnte als sich ins Bett zu legen, in der Hoffnung, mit befreiten Lungen wieder aufzuwachen.

Bevor sie nach Torrepaduli fuhren, drehte sich Mimi im alten Haus der Orlando neben einem Kohlebecken, in dem Zitronengras zum Schutz vor den Mücken glühte, wie ein kleines Mädchen um sich selbst vor dem großen Spiegel im Schlafzimmer der Eltern.

»Schön bist du, meine Tochter«, hörte sie immer sagen, wenn sie eine Tanzrunde improvisierte, bei der sie sich selbst und das im Spiegel reflektierte Bild des Zimmers mit einem Schatten darin betrachten konnte, dem ihres Vaters Antonio, der sie mit Komplimenten anfeuerte. Doch diesmal ließ sie die Stimme nur in ihrem Kopf erklingen. Niemand sah ihr zu.

Spiegel werden mit der Zeit böse, sie wellen sich, und dann reflektieren sie verzerrte Bilder, verderben die Schönheit und verspotten die Mängel. Der in eine hölzerne Schranktür eingelassene Spiegel war nur Mimi gnädig, wie sie dort stand, sonnengebräunt in einem gelben, bis zu den Knien eng anliegenden Kleid, die Haare zu einem pechschwarzen Schwanz gebunden, der glänzte wie frisch mit Lack überzogen.

Mimis Panda fuhr die Serpentinen nach Ruffano hinauf. Biagino, der neben ihr saß, anscheinend nüchtern oder nur mit ein paar Giacomo Danieles im Blut, erzählte dem auf der Rückbank zusammengepferchten Trio – Arianna, Federico und Paolo –, wie er einmal per Anhalter nach Mailand gefahren war, zu einem Konzert.

An das Konzert erinnerte er sich nicht, aber an die Menschenmenge, die runden Lichter in langen Reihen an den rechteckigen Pavillons, den ohrenbetäubenden Aufschrei der Menschen, als die weiße Silhouette des Sängers erschien, ja, es war keine Gruppe, es war ein Sänger, Bruce Springsteen oder Vasco Rossi vielleicht, er erinnerte sich einfach nicht mehr, aber er kannte alle Lieder, die Menge um ihn herum weinte und schrie, bei den langsamen Stücken wurden die Leute ernst und still, die Lichter erloschen, die zitternden Flämmchen von Feuerzeugen oder Streichhölzern erhoben sich, und da musste er weinen. Ja, es war ein Konzert von Vasco Rossi, Bruce Springsteen konnte es nicht sein, denn Biagino verstand kein Englisch. Er hörte die Leute in seiner Nähe den Text mitsprechen, füllte seine Brust mit Luft und schrie: »Co-ca Co-la, con tutte quelle bollicine.«

»Nimmst du mich mit zu einem Konzert, Onkel Biagino?«

»Wenn deine Mutter einverstanden ist, ja, wenn nicht, warte bis du achtzehn bist, dann kannst du machen, was du willst.«

Aber Mimi mischte sich mit mildem Sarkasmus ein.

»Hör zu, Biaggì, kannst sie von mir aus morgen mitnehmen, die Kleine, wohin du willst, musst sie mir nur heil und ganz zurückbringen, denn bei dir weiß man nie.«

Der Panda wühlte sich in das Ziegelmehl eines verlassenen Spielfelds, das aus gegebenem Anlass zum Parkplatz umfunktioniert war. Dutzende Autos funkelten unter der mit den Sternen des August aufgeputzten Himmelskuppel. Die Lichter des Festes leuchteten aus der Ferne wie der Widerschein eines elektrischen Polarlichts, sie hoben das hervor, was hell war, und am hellsten war der Umriss von Mimis gelbem Kleid. Sie hielt beim Gehen den Blick auf den Boden gerichtet, gab acht, wohin sie trat. Und hinter ihr, wie hinter einer großen Glucke, im Gänsemarsch Federico und Arianna, deren Finger sich streiften, Paolo mit weißen Hosen, viel zu weiten, so dass er sie mit den Händen festhalten musste, und zuletzt Biagino, der schon zu den Buden spähte, auf der Suche nach der richtigen, an der er seine Via Crucis beginnen konnte.

Das Quintett geriet in den Menschenstrom, der versuchte, auf die Piazza im Zentrum zu gelangen. Dort oben auf dem Hügel stieg schon der Rauch der Spießbraten auf, mischten sich Klänge einer Musik mit bunten Lichtern.

Für den Fall, dass man einander aus den Augen verlieren sollte, hatten sie verabredet, sich um fünf Uhr vor der Kirche wiederzutreffen, wenn die Messe zu Ehren des heiligen Rochus begann.

Als hätten sie nur darauf gewartet, verschwanden Arianna und Federico sofort in der Menge, nachdem sie einen verstohlenen Blick gewechselt hatten. Paolo sah ihnen nach und fühlte sich äußerst unbehaglich, er hätte im Erdboden versinken mögen oder nach Zürich, in seine Heimat, zurückkehren. Um nicht unter der Menge begraben zu werden, ging er mit erhobenen Ellenbogen voran, er war einsam in der Masse, und eine unbekannte starke Kraft zog ihn zum Gipfel des Hügels, wo die mit Lichterketten, Leuchtgirlanden an Spalieren und illuminierten Fassaden geschmückte Piazza lag. Federico blickte sich ein paar Mal um, ob Paolo noch hinter ihnen war, während die große Menschenschlange träge vorankroch und stockte, wenn die Straße eine Kurve machte oder sich viele Leute um die Buden drängten.

»Sollen wir auf Paolo warten?«, schlug Arianna vor, doch es war eine verlegene Frage.

Federico antwortete nur mit einem bekümmerten, im Grunde aber zustimmenden Blick. Ja, auf Paolo ja, aber nur auf ihn. Er hätte sie gerne geküsst, er hätte seine Lippen gerne lange auf ihre Lippen gedrückt. Er hätte gewollt, dass der ganze Ort es sah, außer Mimi und Celestino, vor den beiden überkam ihn eine Verschämtheit, die ihm unerträglich war. Aber die Menge wogte, schwoll an, brachte alles durcheinander, das Stimmengewirr zersetzte die Begrüßungen und Rufe, verwirrte die Worte, löschte sie aus, indem es Betonungen und Bedeutungen vermischte. Paolo konnte Federico und Arianna nicht mehr einholen, sie waren inzwischen in der Dunkelheit bei den Buchsbaumhecken und Kakibäumchen angekommen, einer Senke, in der die Generatoren der Buden mit Süßigkeiten und Krimskrams brummten. Hier waren zwei Paare, die sich küssten, ein Paar schnalzte laut mit den Zungen. Arianna und Federico blickten sich verschwörerisch an und begannen, einander mit Nase, Wangen und schließlich den Lippen zu berühren, um sich zu küssen und die ganze Nacht dort zu bleiben, bis der Morgen kam und sie in die Kirche San Rocco gehen mussten.

Paolo blieb zurück und fand auch Mimi und Celestino nicht wieder, er versuchte, gegen den Strom der Menge in umgekehrter Richtung zu gehen, aber es gelang ihm nicht, er fühlte sich wie von einer großen schwieligen Hand zerquetscht. Am liebsten hätte er sich auf dem Boden zusammengekauert, er wollte schreien, sein Gesicht rötete sich wie beim Sonnenstich, wenn das Blut ins Gesicht steigt. Dem Schweizer war, als müsste er gleich ohnmächtig werden.

»Biagino, du lässt mich nicht allein«, befahl Mimi.

»Und die Kinder?«

»Und die Kinder gehen, wohin sie wollen, das sind Kinder.«

»Ich bin auch ein Kind.«

»Mit dreißig bist du kein Kind, aber du benimmst dich wie eins und bleibst bei mir.«

Sie hatte den Satz noch nicht zu Ende gesprochen, da legte sich schon der riesige Arm von Pippo der Bestie auf Biaginos Rücken.

»Celestino, der Celestino ist da, kommt alle her und seht euch das an!«, schrie Pippo, und während er noch schrie, traten diverse Figuren aus der Menge, die Mimi in ihrem Notizbuch als »Personen, die sogar in Notfällen unbedingt zu vermeiden sind« verzeichnet hatte, darunter auch der zügellose Catone mit einer Aluminiumflasche um den Hals.

»Catone!«, warnte eine verzagte Mimi mit erhobenem Finger und einem Lächeln, das die Situation so weit wie möglich entspannen sollte. »Den Biagino bringst du mir rechtzeitig zurück nach San Rocco zur Messe, in Ordnung?«

»Mimi, du siehst richtig scharf aus.«

»Hast du getrunken, Catone? Du hast getrunken. Meinen Jungen lässt du nicht trinken.«

»Ein Junge bist du?« Catone wandte sich an Biagino, kniff ihn in die Wange.

»Er ist kein Junge mehr, aber heute Abend sollte man ihn besser wie einen behandeln, glaub ich«, erwiderte Mimi.

»Celestino, so lässt du dich von deiner Schwester schikanieren?«

Aber Celestino lachte nur, er hatte ein starres gutmütiges Lächeln aufgesetzt, das Gespräch interessierte ihn nicht, ihn interessierte nur, so schnell wie möglich mit Catone und Pippo in die erste Bar zu gehen.

»Biagino, wenn du betrunken bist, lass ich dich nicht ins Auto, ist das klar?«

»Er heißt Celestino, Mimi, nicht Biagino, Celestino heißt er«, sagte Catone, aber Mimi wollte nichts mehr hören. Sie machte die Leinen los und wurde leicht, mit denen wollte sie keine Zeit mehr verlieren, die Luft nicht mehr mit diesen Subjekten teilen; der Menschenstrom trug sie davon wie ein Papierbötchen, schwerelos schwebte sie über den Köpfen, hörte die Stimmen zu einem ununterscheidbaren Lärm hinten am Ufer verschmelzen. Gerne wäre sie schon auf der Piazza gewesen, im Zentrum, wo die alten

Einwohner von Ruffano im weißen Hemd und Hosen aus schwarzem Barchent ihren rituellen Tanz aufführten. Dort wollte sie auf die segensreiche Ausstrahlung des heiligen Rochus warten, der den Ort vor vielen Jahrhunderten vor der Pest bewahrt hatte.

Mimi überließ sich den Wellenbewegungen der Masse, die Luft war erfüllt von lautem Stimmengewirr, dem Geruch von Industriezucker, dem sauren Schweiß der Sommernächte. Der Atem der Leute war unerträglich, ihr Lärmen, ihre Bewegungen wie die eines fetten dahinsiechenden Meerestiers.

Plötzlich wurde Torrepaduli von einer Gruppe von Angebern durchstürmt, die ihren großen Auftritt haben mussten. Ein Huhn mit einer Kapuze über dem Kopf, das an einer Leine geführt wurde, sorgte für Aufruhr zwischen den Karussells. Celestino, Catone, Pippo die Bestie und andere Typen von ihrer Sorte zerrten das Tier mal hierhin, mal dorthin und machten Scharen von Kindern verrückt, die sofort wie besessen hinter ihnen herliefen.

Pippo heulte aus voller, vom Alkohol gereinigter Kehle – der Schnaps hatte ihm sogar ein Kastratenstimmchen verliehen –, während er mit einem blauen Bottich voller Bierdosen auf dem Rücken herumlief und eine Wasserspur auf dem Boden hinterließ, als wäre er ein Tankwagen. Als Paolo das brüllende Spektakel der Betrunkenen erblickte, die aus gut zehn Metern Abstand wie ein wirrer Haufen Rugbyspieler aussahen, einer über dem anderen, die einander aufsaugten und ableckten und verfluchten, beschloss er, dass es besser war, so zu tun, als hätte er sie nicht gesehen.

Zweihundert Meter vor der Piazza hatte sich ein Stau gebildet. Die Madonnenmaler zeichneten mit bunter Kreide Bilder des Heiligen auf den Asphalt, die Menge drängte sich gegen die Hausmauern, doch in der Luft verbreitete sich hypnotisch eine Musik. Musik von einer Ziehharmonika, die sich im Kopf festsetzte, und über ihr strömte eine warme, fröhliche Stimme, auch sie trug zur Verwirrung bei. Die Stimme erhob sich weich, träumerisch, sanft, Mimi spürte, dass es sie zu dieser Melodie hinzog. Hinter einem Gartentor, in einem verlassenen Hof drängte sich eine kleine Menschenmenge um einen Maulbeerbaum, der Stamm war knotig wie ein Geflecht aus lauter kleinen Stämmen, die Zweige waren Bögen aus Laub, von denen bunte Bänder herabhingen. Die Menschen drängelten sich um den Baum, und aus ihrer Mitte kamen der freundliche Klang der Ziehharmonika und die jungenhafte Stimme.

Mimi blickte in die Richtung, in die die Leute drängten, ihr Atem ging langsamer und wurde zu einem Teil der Harmonie. Ein Mann mit hellem Bart und blonden Locken, das Gesicht gerötet und von Schweißperlen gefurcht, drückte den Bauch der Ziehharmonika zusammen und zog ihn wieder auseinander. Mimi war fasziniert, nicht nur von der Musik und der Stimme, die die Lieder blank begleitete, Weisen, die nach Zigeunermusik klangen und sehr weit entfernt waren von allem, woran sie seit jeher gewöhnt war. Es war die ganze Szene, es waren die gedämpften Lichter, die vom draußen explodierenden Fest in den Hof fielen, und das Schweigen der kleinen Menge um den Mann mit dem betörenden Haar.

Nachdem der Musikant das Stück gespielt hatte, stellte er die Ziehharmonika auf den Boden, und Mimi konnte seinen stämmigen Körper sehen, die nackte, mit blondem Flaum bedeckte Brust. Der Ziehharmonikaspieler nahm einen Schluck aus dem gläsernen *soldatino*, einer kleinen Flasche Bier, die zu seinen Füßen schimmerte. Er lächelte den Leuten zu, die ihm etwas gaben, eine nach der anderen wurden die Münzen auf einem roten Taschentuch abgelegt und funkelten im Halbdunkel des Hofes.

Daran, wie der Mann vor dem nächsten Stück ein paar Worte hervorstieß, erkannte Mimi, dass er Ausländer war. Eine dunkle Wolke stieg in ihrer Brust auf, sie liebte die fahrenden Musikanten, so einer hatte ihr vor Jahren einen Türkisring geschenkt, andere hatten sie auf den Straßen ihres Heimatortes zum Tanzen gebracht, wieder andere hatten sie eine Stunde lang verliebt gemacht. Doch nie zuvor hatte sie sich so heftig, so plötzlich zu jemandem hingezogen gefühlt, der wirklich ein Fremder war.

Die Musik spielte weiter, und Mimi wiegte sich mit geschlossenen Augen und gesenktem Kopf, manchmal hob sie den Kopf und richtete ihren Blick auf die Augen des Fremden. Der Mann lächelte dem ganzen Publikum zu und bemerkte vielleicht nicht sofort, dass die Frau mit der braunen Haut und dem gelben Kleid, das im Halbdunkel von goldenen Reflexen durchtränkt wurde, seinen Blick suchte. Als das letzte Stück beendet war, trat Mimi mit der Unverfrorenheit, die in einem kühnen Herzen wurzelte, auf ihn zu.

»Wie heißt du?«

Der Mann antwortete nicht. Er hielt den Kopf über sein Instrument gesenkt, schien in seinen Taschen zu wühlen. Mimi wiederholte ihre Frage.

»Wie heißt du?«

Doch offenbar hörte der Mann sie nicht.

Dann hob er den Kopf, die Menge vor ihm hatte sich zerstreut, es blieben die mit einer rosa Patina überzogenen Hofmauern, Teppiche aus roten Geranien, eine kleine blaue Tür, durch die das Rauschen des Patronatsfests drang, das Taschentuch voll blinkender Münzen und ein Mädchen, das aus dem Meer gekommen zu sein schien und ihn etwas fragte.

»Wie heißt du?«

Der Fremde sagte einen Namen, den Mimi nicht verstand, aber sie wollte ihn nicht noch einmal hören: Durch seine Art zu sprechen hatte er die ganze Anmut verloren, von der sie so hingerissen gewesen war.

»Trinkst du mit mir?«, fragte er, und sie konnte nicht widerstehen, noch immer trieb ihre Kühnheit sie an und ein Sehnen, dessen Ursprung sie sich nicht erklären konnte.

Mimi sollte den Namen des Mannes nie erfahren.

Sie gingen durch einen Garten und dann über einen Aschenplatz, Mimi fühlte, wie ihre Schuhe sich mit Erde füllten, und es gefiel ihr, auf dem roten Ziegellehm zu gehen, der nachts noch ein wenig von der lauen Wärme der Morgensonne bewahrte. Sie kamen zu einem kleinen Feld, wo Dutzende Wohnwagen standen, sie gehörten den Betreibern der Karussells oder vielleicht einfachen Nomaden. Mimi stellte sich keine Fragen, der Mann ohne Namen war beim Musizieren ebenso seelenvoll und im Einklang mit sich selbst, wie reizlos und plump ohne sein Instrument, das er jetzt auf dem Rücken trug wie ein Schneckenhaus.

»Wollten wir nicht etwas trinken?«, fragte Mimi.

»Bei mir, bei mir.«

Sie stiegen in einen Wohnwagen, Mimi wusste, dass sie im Begriff war, etwas Unbesonnenes zu tun, doch die Lust, die sie beim Spiel der Ziehharmonika empfunden hatte, verhexte sie noch immer. Sie musste ihr folgen.

In dem dunklen, erstickend engen Wohnwagen spürte Mimi die Gegenwart anderer Menschen. Der Mann senkte die Stimme, sein bis jetzt grober Ton wurde schlagartig sanft. Eine falsche Sanftheit, aber doch Sanftheit, die Mimi als ein Zeichen von Freundlichkeit ihr gegenüber erkannte.

Die Atemzüge, die man in dem winzigen, stickigen Gehäuse hörte, stammten von zwei Kindern.

»Ich habe zwei Söhne«, sagte der Fremde ohne Namen. Er nahm ein Bier aus einem Eimer voll Wasser, reichte es Mimi und bedeutete ihr dann, aus dem Wohnwagen zu steigen, indem er mit beiden Händen gegen ihre Seite drückte.

Sie setzten sich auf die Stufen vor dem kleinen Lager.

»Hast du auch Kinder?«

»Eins.«

»Ein kleines?«

»Sie ist sechzehn.«

»Du bist noch jung.«

»Ich war fünfzehn, als ich sie bekam.«

»So junge Italienerinnen, nie gehört.«

»Hier im Süden kann das vorkommen.«

Der Dialog ging nicht weiter. Mimi wollte ihn nicht fortsetzen, sie war sicher, dass der Mann sie etwas fragen würde, worauf sie nicht antworten konnte.

Der Mann kippte sein Bier hinunter, in derselben Zeit hatte Mimi gerade einen Schluck getrunken, und schon lagen die Lippen des Musikanten auf den ihren. Die Kühle des Mundes war ihr nicht unangenehm, sie ließ sich küssen, öffnete ihre Lippen und spürte die ungestüme Zunge grob bis zur Kehle eindringen. Der Mann hatte sicher schon viele Münder geküsst, dachte Mimi, aber wahrscheinlich alle so schlecht. Mit der Zunge drang ein intensiver Geschmack nach Tabak und Alkohol in ihren Mund, er störte sie nicht, auch nicht der starke Schweißgeruch, den der Musiker ohne Namen verströmte.

Sie küssten sich ein paar Minuten lang, dann spürte sie, dass die Hände des Fremden zwischen ihren Beinen versuchten, die Unterhose zu berühren. Schwielige Finger, die Mimi festhielt, bevor sie sie weiter oben betasten konnten. Sie schüttelte den Kopf, aber der Mann gab nicht auf.

»Lass uns reingehen«, bat er flehend.

»Nein, da sind deine Kinder.« Ihre Entgegnung kam nicht besonders ungezwungen.

»Sie wachen nicht auf, du sprich nicht, schrei nicht.«

Mimi ahnte, dass sie ihm nicht trauen durfte, aber sie war gepackt von der Stimme, die jetzt in der Erregung brach, wenige Augenblicke zuvor falsch und plump und davor, während des Singens, weich und liebenswürdig geklungen hatte.

Sie fand sich auf einem Feldbett liegend wieder, lose Sprungfedern stachen ihr in den Rücken und die Schultern, als hätte die Matratze Löcher, dann war der Mann über ihr. Sein Atem veränderte sich, wurde keuchend und schleppend, der Fremde fing an, sie hastig zu küssen. Er versetzte ihr einige Bisse, aber es waren leichte, angenehme Bisse, die Mimi zusammenfahren ließen, sie versuchte, ihm die Hose abzustreifen, aber er wehrte sich, wollte es selbst tun.

»Ich habe meine Menstruation«, sagte sie schüchtern, während er auf einem Bein sprang, um sich die Hose auszuziehen. Das Wort »Menstruation« erreichte die Ohren des Musikers nicht. Kaum war er nackt, drang er in sie ein, dabei zog er ihr das Kleid bis übers Gesicht, Mimi sah die Löwenmähne verschwinden, die sie über sich hatte, jetzt hörte sie nur sein Keuchen, sie wehrte sich, wollte ihm wenigstens ins Gesicht sehen, doch der Mann hielt ihr das Kleid gewaltsam über dem Gesicht fest.

Die Liebe dauerte wenige Sekunden, der Mann merkte, dass Mimi blutete, er fasste sich an und steckte sich einen Finger in den Mund.

»Was ist das?«

»Blut.«

Der Mann spuckte auf den Boden und war mit einem Satz auf den Beinen, nun stand er im Halbdunkel. Die grobschlächtige, untersetzte Gestalt präsentierte sich Mimi in ihrer ganzen Unschönheit.

»Was glotzt du? Siehst du, was du angerichtet hast?« Seine Worte überschwemmten die feuchte, warme Luft.

Mimi fühlte sich ungerecht behandelt, sie trug keine Schuld an dem, was er ihr vorwarf. Sie streichelte sein nacktes Bein und fühlte die knotige Haut, als wäre dort eine riesige Narbe, ein alter Schnitt, der die Haut in Rinde verwandelt hatte. Der Mann verstand die Liebkosung nicht, eine eher mitleidige als erotische Geste, er schob ihre Hand weg, suchte mit seinem Schwanz ihren Mund. Ein beißender Geruch nach ihrem eigenen, getrockneten Blut und einem unbekannten, süßlichen Schweiß stach Mimi in die Nase und ätzte ihren Gaumen, sie weigerte sich.

»Du wolltest doch mitkommen, hierher, was soll das jetzt, du hast alles schmutzig gemacht, gleich kommt meine Frau, was meinst du, was dann los ist, sie wird dich umbringen, man wird dich hier umbringen.«

Während der Fremde redete, war Mimi schon aufgestanden und suchte den Ausgang, sie sah einen silbernen Spalt in der tristen Dämmerung des Kabuffs und orientierte sich an diesem Streifen Licht, hinter ihrem Rücken hörte sie geknurrte Schimpfworte. Dann fand sie sich mit nackten Füßen auf der Wiese des Lagers wieder, zwischen Queckengras und Ackerwinden, und lief auf den farbigen Horizont zu, dort, wo das Fest war.

Sie gelangte auf den Aschenplatz, den sie kurz zuvor mit dem Vorgefühl eines fröhlichen Abenteuers überquert hatte, jetzt hüpfte sie erschrocken und voller Angst, jemand könnte sie sehen, über den Platz. In der Dunkelheit bemerkte sie andere, die herumtappten wie sie. Vielleicht waren es Betrunkene, die hier einen Zufluchtsort gefunden hatten und nun von einem sicheren Platz aus das Sternenzelt betrachteten. Es waren zwei schwarze Silhouetten, die beim Gehen schwankend gegeneinanderstießen.

Mimi fühlte sich gejagt, die beiden machten abgehackte, ruckartige Bewegungen, als kämen sie aus einem alten Stummfilm. Zwei junge Männer, in ein lebhaftes Gespräch mit unbekannten Worten vertieft, sie kamen direkt auf Mimi zu, unmöglich, ihnen auszuweichen, schon fühlte sie die Hände unter ihrem Kleid, wie sie zogen, rissen, sie spürte den Atem der Männer über ihrem Mund, aus nächster Nähe sah sie die Narben in ihren Gesichtern, die hervortretenden Adern um die blutunterlaufenen Augen. Sie sah Millionen Einzelheiten, die niemand je hätte bemerken können, außer in einem taghell erleuchteten Zimmer, doch gerade als sie sich verloren gab, sah sie die beiden zu Boden stürzen, als hätte man sie niedergeschlagen. Sie waren über einen vertrockneten Rebstock gestolpert, der wie ein starker Haken aus dem Boden ragte.

Es fehlten nur wenige hundert Meter, die Umgebung war feindlich geworden, drohend schwebte der Schatten des Lagers über ihr, das sie so eilig verlassen hatte. Der Musiker suchte sie, die beiden Tölpel, die durch die Dunkelheit gewankt waren, hatten sich wieder erhoben und suchten sie, auch Biaginos Freunde suchten nach ihr, um sie zu verspotten, mit ihren nackten Füßen, dem verdreckten, zerknitterten Kleid, alle suchten nach ihr. Ein Komplott oder vielleicht nur die Beharrlichkeit des Unglücks, auf das Fest konnte Mimi nicht mehr zurückkehren, doch auf den Parkplatz ja.

Mit Mühe fand sie den Panda, der eingezwängt zwischen dem Blech Dutzender Autos stand, zum Glück hatte sie den Schlüssel noch, sie blickte sich um, Hunde waren keine da, auch die Vorfahren und Heiligen, die nur sie hörte, waren nicht da. Sie setzte sich auf den Fahrersitz, ließ die Zentralverriegelung einschnappen, schaltete das Licht ein und betrachtete sich im Rückspiegel, ihr leichtes Make-up war unversehrt, sie blickte auf ihr mit Erde und Blut beflecktes Kleid, dann löschte sie rasch das Licht und begann zu warten. Jetzt war sie in ihrem sicheren Unterschlupf, nur noch ein paar Stunden bis zum Tagesanbruch, sie würde ein wenig schlafen und mit einem von aschgrauen Wolken bedeckten Himmel und den Glocken von San Rocco aufwachen.

1998

Die Freundlichkeit

Der Mann träumt unruhig, es ist nicht das erste Mal seit dreiundzwanzig Jahren, und es wird nicht das letzte Mal sein.

Nachts kommen die Gespenster.

Zuerst die Stimmen.

Wie immer im Traum sind die Stimmen undeutlich, zu einem verworrenen Gemurmel vermengt, sie gleichen sich, haben keinen erkennbaren Ursprung. Sie gehören nicht zu den Menschen, an die wir denken.

Für Ippazio gab es im Sommer keine Ruhe.

Beim Morgengrauen stieg ihm ein intensiver Geruch von Blut in die Nase. Die Schläfenadern pulsierten, das Herz bebte, die Kehle wurde trocken. Der Stimmenbrei war der aus der Fabrik, den er hörte, wenn er über den Saum aus hartem Zement lief, der ihn von der Schlucht der dampfenden Güsse trennte. Die Stimmen waren die seiner Freunde unten im Graben oder im silbernen Lichtschein der Morgenröten im Umkleideraum oder bei ihren schleppenden Gesprächen während der Abenddämmerungen im Neonlicht. Die Stimmen waren aber auch dieselben wie die Stimmen an einem Tag, den er nicht vergessen konnte. Es gibt kein Heilmittel gegen das Gedächtnis, damit es die unangenehmsten Erinnerungen in einem Abgrund verschwinden lässt und nur die besten Momente unseres Lebens hervorholt: den Duft frischer Tomaten, die in einem Holzkohleofen weich werden, die feuchte Erde am Ende des Sommers und die Feigen aus der Serra, die nach Jod, Salz und Nebel schmecken.

In seinen schlaflosen Sommernächten durchlebte Ippazio immer wieder die Prügel: Er war zwanzig, trug sich mit dem Gedanken, die Fabrik zu verlassen, aus der Schweiz zu fliehen, in den Salento zurückzukehren und eine Werkstatt bei Tricase aufzumachen; seit einiger Zeit half er an seinem einzigen freien Tag in einer Karosseriewerkstatt aus. Er blieb bis zum späten Abend, bei gelöschtem Licht, der schwache Schein des einzigen Lämpchens ähnelte Friedhofslichtern. Eines Abends hatte er sich verspätet, in einem Lada hatte er den Sitz abgeschraubt, damit er liegend an der Lenkung arbeiten konnte. Da hörte er Stimmen in der Werkstatt, ein Gewirr unterschiedlicher Geräusche, umhüllt von einer Wolke aus Rascheln, Schlucken und Erregung. Von dieser Klangwolke sollte er noch jahrelang träumen. Die Besitzer des Wagens konnten es nicht sein, auch keine neuen Kunden. Es war zu spät, die Rollläden waren herabgelassen, die Lichter gelöscht; der Lärm, der nun folgte, war voll böser Absichten.

Mimi hatte sich nur unter einem Bett verstecken müssen, um dem Rudel zu entkommen, aber sie wurde durch ihre magischen Kräfte beschützt. Sie konnte im Erdboden verschwinden, ins Land der Mütter und der eigenen Ursprünge zurückkehren. Mimi war entkommen, weil sie im sicheren Schoß ihrer Kindheitsgedanken versteckt war, wo die Welt der Träume, und sei es nur einen Augenblick lang, Wirklichkeit wird.

Das Glas der Frontscheibe wurde zu einer Sturzflut winzig kleiner Teilchen, die sich auf Ippazios Rücken ergossen. Der Wirrwarr aus Worten verwandelte sich in unterscheidbare Stimmen gefährlicher Männer. Es waren Italiener. Sie suchten ihn. Wie ein Gepäckstück zogen sie ihn hervor, Ippazio leistete keinen Widerstand.

Sie waren zu fünft, zu sechst, vielleicht sieben. Sie waren es. Seine Rächer. Die Männer, die er schon während der Zeit im Haus aus Glas gefürchtet hatte und die das Gedächtnis mittlerweile ins Vergessen zurückgedrängt hatte. Und gerade als sie verschwunden waren, waren sie wieder aufgetaucht, mit grimmigen Gesichtern, dunklen Hauttönen und blitzenden Raubtierzähnen.

Wenn du nicht fliehen kannst, wenn sie von allen Seiten zuschlagen, kannst du nur aus einer Schicht ganz tief in deinem Inneren Kraft holen. Einer Schicht, die an die Saiten der Seele rührt und elementare Botschaften an deinen Verstand sendet, die dir jedoch helfen, die Schläge zu ertragen.

In embryonaler Haltung vor den Autorädern liegend, das Gesicht gegen den Reifen gedrückt, den Körper angespannt, wiederholte Ippazio sich im Geist immer wieder: »Brust und Bauch bedecken«, »spann die Muskeln an«, »biete ihnen nicht die Weichteile«. Später kamen dann die verzweifelteren, vom Groll und Hass diktierten Botschaften an: »Sie werden alle vor mir sterben«, »ich werde sie alle einen nach dem anderen begraben«, »weine jetzt nicht, morgen wirst du wieder nach Hause gehen«.

Seither waren viele Jahre vergangen.

Noch immer hörte er das Zischen des Getuschels, das näher kommt, das lauter wird, bis es sich in den frechen Hinterhalt verwandelt. Franca, seine Freundin, schüttelte ihn im Schlaf, bot ihm eine einhüllende Umarmung, passte sich der Form seines Körpers an, dieselbe Beugung der Beine, legte ihre Möse an seinen Hintern und die Brüste an seinen Rücken. Hauchte ihm freundliche Worte zu.

Franca war eine beeindruckende Frau, elsässisches Blut, aquamarinblaue Augen, lange Arme und ein kurzer Männerhaarschnitt. Als sie Ippazio kennenlernte, war sie eine junge Frau, die leerstehende Häuser besetzte, viel

Marihuana rauchte, in London, Amsterdam und Paris gelebt hatte, aus einer sehr guten Familie kam, das Ergebnis eines großbürgerlichen Rebellentums, und die zur Vernunft gekommen war, nachdem sie jede Art Drogen ausprobiert hatte. Ihr letzter Streich war gewesen, sich einen jungen Italiener mit dunklem Gesicht und Verletzungen von einer Schlägerei ins Haus und dann in ihr Leben zu holen.

Sie begegnete Ippazio im Garten der Tagesklinik von Zürich. Mit dicken Verbänden, als hätte er eine Feuersbrunst überlebt, spazierte er auf eine Krücke gestützt allein über die Wiese. Sie hatte die Nacht im Wartesaal der Notaufnahme verbracht, ein Freund hatte einen Unfall gehabt, man behandelte seinen Knochenbruch, dann wurde der Gips angelegt; sie wartete und sah den einsamen Italiener, der vor sich hinpfiff. Sie beschloss, dass es angenehmer sei, mit jemandem zusammen zu warten, auch wenn es ein Italiener war.

Widerspenstig war Ippazio nicht, aber er war auch keiner, der den ersten Schritt tat. Er war fünf Jahre alt, Freunde seiner Eltern waren mit ihrer Tochter gekommen, ein Jahr jünger als er, furchtbar schüchtern, verstörte Augen, und sie wurde Ippazio vorgestellt.

»Pati, das ist Susanna«, sagten die Eltern in einem Schlafzimmer. Die beiden setzten sich auf die Steppdecke eines kleinen, mit Spitzentüchern geschmückten Betts. »Jetzt werdet ihr Freunde.« Und sie schlossen die Kinder ein.

Es war Nachmittag. Susanna und Ippazio, einander schräg gegenüber sitzend, blieben schweigend bis zum Abend so sitzen und wichen auch den Blicken des anderen aus. Ein Schweigen und ein Warten, die nicht aufhören wollten.

Freunde waren sie nicht geworden, als die Eltern zurückkamen, aber Verbündete. »Habt ihr Freundschaft geschlossen?« Beide nickten bejahend.

So war Ippazio noch immer, zu jedem Bündnis bereit, um den Kern seiner Unabhängigkeit zu verteidigen. Sein plötzliches Verstummen, gewisse unergründliche Verfinsterungen, die manchmal in ein mürrisches Grollen mündeten, kennzeichneten seine Neigung: Ippazio wollte lernen. Deutsch sprechen, Gitarre spielen, singen, doch auch, er hätte es niemals zugegeben, lieben.

Kurz darauf hatte er die Ternitti verlassen. Die wahren Gründe wurden nie erklärt. Franca fand die Entscheidung vernünftig, aber sie wusste auch, dass sich in diesem Mann nicht die Spur von Vernunft fand. Es war etwas anderes. Aber was? Sie ahnte es. Aber sie konnte es nicht einordnen. Wenn sie ihm eine direkte Frage stellte, drückte sich Ippazio, wich auf andere Geschichten, andere Anekdoten aus, die nichts damit zu tun hatten.

»Warum haben sie nach dir gesucht?«

»Eine alte Geschichte, als wir in der Schweiz ankamen.«

»Geld?«

»Ein alte Geschichte, basta. Ich will vergessen.«

»Du hast gut daran getan, die Fabrik zu verlassen.«

»Ich bin traurig.«

»Aber da wärst du gestorben, Liebster.«

»Ich wüsste wenigstens, woran ich gestorben wäre.«

»Warum bist du weggegangen?«

»Da drinnen hat niemand Angst, die kommt erst, wenn du draußen bist.«

»Du antwortest mir nicht.«

Ippazio folgte nur der Bahn seines ganz persönlichen Gedankengangs.

»Erst wenn du draußen bist, kommen die Schmerzen,

wenn du drüber nachdenkst, tut dir die Brust weh, und du fängst an zu niesen, bis du weinst. Manchmal sind die Tränen so salzig und dickflüssig, dass mir ist, als weinte ich Blut.«

»Warum sagst du mir nicht die Wahrheit?«

»Ich habe kein Blut mehr. Das ist die einzige Wahrheit.«

Die Sonne geht auf. Die Wellen sehen aus wie weiße Schnurrbärte, sie verpuffen, wenn sie ans Ufer schlagen. In der kleinen Sandbucht von Leuca leuchtet ein hellblauer und rosa Widerschein. Die mit Villen besetzten Hügel fallen steil zur Bucht ab, hier scheint das Meer Land gewonnen zu haben.

Und dort ist sie, die Herrin der Verstecke, in einem Türmchen aus Stein, in dem die Damen früher geschützt vor aufdringlichen und plebejischen Blicken ein Bad nahmen, in diesem Wehr aus Kieselsteinen wenige Meter vor der Wasserlinie.

Eine einsame Frau, die zu ihren Gespenstern betet.

Ihr Kiefer ist fest geschlossen, bildet zwei scharfe Kanten, kleine Falten um die Augen, dunkle Schlitze nach einer schlaflosen Nacht. Schwarze Haare, locker nach hinten gebunden und mit unsichtbaren Klammern festgesteckt. Sie kniet mit der Ungezwungenheit eines Fakirs. Die Kniegelenke versinken im feuchten Sand. Sie versteckt sich, konzentriert sich, um den Stimmen zuzuhören und um ihre ferne himmlische Botschaft zu vernehmen.

Für Mimi war es der ideale Ort für eine Begegnung mit ihren Vorfahren, das Meer donnerte gegen den Fels, keiner konnte sie sehen und keiner konnte sie sprechen hören, wenn sie allein war.

Die ganze Nacht lang war sie mit der Prozession gegangen, die Alessano mit Leuca verband. Elf Kilometer Fußweg, dem Frieden und der zum Himmel Aufgefahrenen zu Ehren, in der Nacht zwischen dem 13. und dem 14. August, wenn der Himmel von Sternschnuppen und den Feuerwerken der mariengläubigen Gemeinden brennt. Die Zeremonie war eine Idee von Don Tonino Bello. Mimi hatte den Priester vor ein paar Jahren in einem Innenhof von Alessano kennengelernt, der kleinen Gemeinde mit jahrtausendealten Mühlen zum Brechen der Steine zwischen Tricase und dem Ionischen Meer.

Mimi hatte früher nie an dem Ritus teilgenommen, die ganze Nacht lang ohne Unterbrechung mit einer Fackel in der Hand zu wandern, war ihr immer als ein fanatischer Wahnsinn erschienen, doch vieles, was in den letzten Jahren passiert war, hatte sie mit einem Leben versöhnt, das nicht ihres gewesen war. Die Väter in ihrem Heimatort waren krank geworden und starben. Annas Vater, Teresas Vater, der Mann einer Nachbarin. Man konnte seine Knochen zählen, wenn er in Novaglie auf den Klippen stand.

Vielleicht waren es nur Zufälle. Ein Zusammentreffen unglücklicher Umstände. Aber Mimi sah darin eine Logik, und sie spürte, dass sie ihr entglitten war und sie sich diese Logik jetzt wieder aneignen musste. Die Männer hatten alle in Fabriken in Deutschland, der Schweiz oder im Norden gearbeitet. Bei vielen war es um Asbest gegangen, bei anderen um Rauch in Eisenhütten, Kohle, außerdem chemische Substanzen, Acetylen, Helium, Gas. Jeder dieser Einwohner von Tricase, Corsano, Acquarica, Presicce, Gagliano, Novaglie und Tiggiano hatte seinen Beitrag zum Fortschritt und zu großen Leistungen der Industrie erbracht. Und sein Beitrag waren ein ausgezehrter Körper, ein kurzer Atem und erloschene Augen.

Mimi war überzeugt, dass alles, was sie erlebte, durch die Tragödien intensiver wurde. Wenn die Jungen im Ort etwas sehr dringend erledigen mussten und ihre Eile mit Angst gewürzt war, benutzten sie einen Dialektausdruck, den sie auch für sich passend fand: »Ich habe Pfeffer im Herzen.«

Es war nur ein unglückliches Schicksal, zugegeben, denn für etwas anderes gab es keine Beweise, aber Mimi sah in einer Gemeinde, die bald nur noch aus Witwen und Waisen bestehen würde, ein Zeichen. Es war, als wäre das Alter, die erfüllteste Zeit des Lebens, nur noch einem Teil der Menschheit vorbehalten. Ein frühzeitiger, qualvoller Tod für die Männer, noch bevor sie sechzig wurden, für die Frauen mehrere Jahrzehnte Einsamkeit. Gegen sie musste Mimi aufbegehren, das fühlte sie.

Ein Fluch? Vielleicht nur ein Opfer, wie die Kriege, wie die Emigration: Für einen geopferten Vater gibt es immer einen geretteten Sohn.

In Mimi wuchs das Bedürfnis, sich keinen einzigen Krümel des Lebens entgehen zu lassen, jedes Gefühl bis auf den Grund zu erforschen. Das Städtchen der sterbenden Emigranten war für viele eine bloße Aufeinanderfolge von Ereignissen, der normale Gang des Lebenszyklus, doch ein mitfühlendes oder empfindsames Wesen hat keinen Schutzpanzer für die Seele. Entscheiden. Wenn man sich nicht entscheidet, siegen die Konventionen, die verhärteten Gewohnheiten. Mit dem Strom schwimmen. Aber macht es denn Spaß, sich einfach mitziehen zu lassen? Für Mimi bedeutete das Leben, gegen die Strömung zu schwimmen. Befriedigung lag in dem Weg, den man gegen den Lauf der Ereignisse zurückgelegt hatte.

Während des Pilgerzugs, der die ganze Nacht dauerte, war sie neben einem Mann hergegangen, der nach Milch und Agaven roch, er war einer der engsten Freunde von Don Tonino gewesen. Er ähnelte ihm sogar, dunkle Haut, das eckige Gesicht und die lebhaften Augen. Er hatte ihr von Don Toninos Reise nach Sarajevo erzählt.

Es war eine Nacht im Dezember, fünfhundert Pilger, angeführt von dem Priester aus dem Salento, landeten in Dalmatien und erreichten Sarajevo zu Fuß, unter dem Beschuss der Heckenschützen, die nie eine Feuerpause machten.

»Es war sehr neblig«, erzählte er, »ein dichter gelblicher Dunst, der nur wenige Stunden andauerte. Er hat uns gerettet.«

Der »Mariennebel«, wie das Wunder getauft wurde, ermöglichte ihnen, Lebensmittel und Medikamente in die Stadt zu bringen und unversehrt zurückzukehren, um von dem Unternehmen zu erzählen.

Wer weiß, ob es wirklich so gewesen war, aber die Leidenschaft, mit der der Mann den Nebel beschrieb, der sich über die Expedition senkte, um sie auf ihrem Weg zu beschützen, begeisterte Mimi.

Ihm fehlte jeder sinnliche Reiz, dennoch spürte Mimi, dass sie dem Mann einen Kuss schenken musste, einen langen Kuss, der seine Wünsche erfüllte wie eine Liebesnacht. Bevor sie es sich anders überlegte, griff sie ihm mit beiden Händen ins Haar, und drang, als sie ihre Lippen auf seine fremden Lippen legte, in seinen Mund und seinen Kopf ein. In der Kehle spürte sie den starken Geschmack von Blut und Säure, jene Mischung, die die Aufregung am Gaumen bildet. Dann, der Mann war noch immer starr vor Staunen, dankbar fast, wurde er von der Verwirrung der Menge und der Dunkelheit davongetragen, Mimi war allein und blieb in dem kleinen Turm, um dem Meer zu lauschen und über die vergangene Nacht nachzugrübeln.

Wenige Meter entfernt ging ein anderer Mann im dunklen Anzug, mit gelöster Krawatte und weißem Hemd barfuß über den Strand von Leuca, er suchte etwas oder jemanden.

Er suchte Mimi. Versuchte, sie auf dem Mobiltelefon anzurufen, das er ihr vor wenigen Wochen geschenkt hatte, aber noch vergaß sie es, ließ es ausgeschaltet liegen.

Gerne hätte er »Mimi!« gerufen, aber er schämte sich, noch wusste er nicht, dass er sie wegen dieser Zurückhaltung verlieren würde.

Er war ein Anwalt aus Lecce. Die ganze Nacht hatte er im Yachtclub auf der Mole getanzt, bei Tagesanbruch wollten die beiden sich treffen. »Du findest mich am Strand«, hatte Mimi gesagt. Die sandige Bucht von Leuca ist klein, nur wenige Meter lang, man braucht fünf Minuten, um sie abzuschreiten. Wenn er den Mut gehabt hätte, laut nach ihr zu rufen, hätte er sie gefunden, Mimi wusste das.

Das Meer war mit einer Decke aus winzigen Lichtern bestickt, das Glitzern der aufgehenden Sonne, der Schatten lief an der Wasserlinie entlang, der Mann blieb stumm. Er rief sie nicht, ihm fehlte der Atem und vielleicht der Mut.

Und wieder war eine Geschichte beendet.

»Wie, du hast ihn verlassen, bloß weil er um fünf Uhr morgens nicht ›Mimi, Mimi!‹ gerufen hat?«

»*Lampu*, Wahnsinn, das gibt's doch nicht, du spinnst ja!«

Anna und Teresa machten Mimi den Prozess wegen ihrer jüngsten Verrücktheit. Hocherhobenen Hauptes stand sie vor dem dampfenden Kaffee, den bestürzten Gesichtern der Freundinnen.

Einen Mann sitzenlassen, der keinen Ton rausgebracht hat.

Das war Mimi.

Im Mechanismus ihrer Gefühle gab es Verärgerungen mit komplizierten Funktionsweisen. Stolz, Scham, doch auch Hingabe und Dreistigkeit, wenn sie notwendig war.

Nur wer sie liebte, konnte verstehen, dass der Widerspruch ihr Wesen war.

Sie hatte nicht die geringste Absicht, sich zu ändern, um ihren Liebhabern zu gefallen. Sie hatte nicht die geringste Absicht, auf ihre Gespenster zu verzichten, auf ihre ganz persönlichen weltlichen Gebete, ihre eingebildeten Leben und ihre Verstecke.

»Der Anwalt hat keinen Mumm, wenn er sich wegen einer so kleinen Sache schämt, da vergeht mir die Lust, mit so einem zusammen zu sein.«

Diese Prozesse durch Anna und Teresa waren ein festes Ritual der Sonntagnachmittage und fanden bei Mimi zu Hause statt, weil Annas Mann dagegen war, dass seine Frau Umgang mit »chidda paccia«, dieser Verrückten, hatte. Wer weiß, welche Ideen eine verbreiten konnte, die ihr

Kind ohne einen Ehemann aufgezogen hatte, und ohne einen einzigen Arbeitstag zu versäumen. Eine, die sich in so jungen Jahren in der Schweiz hatte schwängern lassen und hier im Ort mit ständig wechselnden Männern ausging.

Mimi war eine Frau, über die geredet wurde. Wer sie kannte, fragte sich, ob sie eine großzügige oder schlechte Mutter war, ob das Maß ihrer Fürsorge für Arianna ausgereicht hatte, ob ihre Tochter demnach wirklich Medizin an der Universität in Rom studierte, ob sie zu viel mit sich selbst sprach, ob sie oft mit Männern ausging und wer diese Männer waren, wie sie waren.

Ob, ob und ob und nochmal ob.

Der Anwalt, dem Mimi den Laufpass gegeben hatte, war ein sehr bekannter Mann in Lecce. Er hatte es sogar auf die erste Seite des Lokalblatts geschafft, weil er sich vorgenommen hatte, die Familien der Schiffbrüchigen von einem Schiff mit kurdischen Auswanderern, das von der Marine gerammt und versenkt worden war, kostenlos zu verteidigen. Der allseits bewunderte und liebenswürdige Genussmensch mit mysteriösem Lebenswandel und pittoresken Rasta-Locken hatte für seine Großzügigkeit viel Lob bekommen, vor allem aber hatte er die begehrenswerteste Frau des Salento erobert, Mimi Orlando.

Die beiden hatten sich vor einigen Monaten auf einem Fest kennengelernt, einem jener chaotischen Abende allseitiger Verbrüderung, *pizzica e comunione* genannt, wo Musiker aus dem Ort Tamburin spielen und die *pizzica*-Tarantella getanzt wird. Mimi war mit kritischen Vorbehalten hingegangen: »Heutzutage glauben alle, dass sie spielen können«, sie war ein paar Monate lang mit einem Schlagzeuger zusammen gewesen und hatte zu unterscheiden gelernt, ob das, was sie hörte, gute Musik oder wertlos war.

Der Anwalt war ein besessener Ethnograph, er hatte im Ausland studiert, dann war er nach Lecce zurückgegangen und hatte sich eine Kanzlei aufgebaut. Auf den unterschiedlichsten Gebieten hegte er künstlerische Ambitionen, drehte erbärmlich schlechte Dokumentarfilme, versuchte sich im Tamburinspielen und gab sich als Porträtfotograf aus, weil er sonntagmorgens über die Dörfer fuhr und heimlich Schnappschüsse von den alten Leuten auf der Piazza schoss. Dabei stellte er sich so plump an, dass er oft übel beschimpft wurde. Eben diese Unbeholfenheit und die Gerüchte über sein Leben hatten Mimi zu Beginn ihrer Verbindung angezogen.

Ihrer Mutter Rosanna gefiel dieser Mann. Mimi fragte sich, wie sie von dieser Beziehung erfahren hatte, aber es gibt Geschichten, die im Ort und in der Familie unmöglich verborgen bleiben können.

»Wer hat dir das erzählt.«

»Das weiß doch schon jeder.«

»Aber wer hat mich gesehen?«

»Keiner, aber man weiß es.«

»Ich hab's niemandem gesagt, und du weißt alles. Hast du mit einer von meinen Kolleginnen geredet, Mama?«

»Er ist ein guter Junge, das ist alles, was ich weiß.«

»Was weißt du schon, Mama. Nichts weißt du, ob er gut ist oder verdorben. Nichts weißt du, nichts, gar nichts.«

»Ist er denn so, wie man von ihm sagt, ein anständiger Mann?«

»Ich hab schon kapiert, was mit ihm los ist. Er ist nichts wert, schön ist er, kann aber nicht schwimmen, tanzen will er und kann nicht tanzen, will Musik machen, kann aber nicht spielen. Einen Film will er drehen und kann nicht filmen. Er will vieles, aber er kann gar nichts.«

Zur Entschädigung fuhr er mit ihr auf einem Oldtimer-Motorrad über die Küstenstraße von Santa Cesarea über Castro, Andrano, Marina Serra bis nach Leuca. Die Fahrweise des Anwalts auf der kurvenreichen, atemberaubenden Strecke, die an der Steilküste entlangführte, war nicht gerade zurückhaltend, was Mimi erlaubte, Feigenbäume und *pajare* mit den Augen eines jungen Mädchens zu sehen. Helmtragen war verboten, damit man beim Fahren die salzige Luft aus dem Kanal von Otranto und den Ostwind spürte. Für Mimi gab es kein Gesetz.

»Bitte setz den Helm auf«, flehte der Mann ängstlich. »Ich kriege die Geldstrafe, wenn sie uns erwischen.«

»Rede du nur«, dachte Mimi, »dieses Paradies nehme ich mir hier und jetzt.« Und wenn das Motorrad auf den steilsten Steigungen stotterte oder bergab der Auspuff knallte, genoss Mimi, den Helm im Arm, die Haare gelöst und die Haut, an der der Wind zerrte, gerötet, lachend die Fahrt, und wer sie sah, hätte meinen können, sie sei in Ekstase.

Rosanna hoffte, dass Mimi den Anwalt-Motorradfahrer-Dokumentarfilmer nach Hause bringen würde, sie hatte sogar sein Foto aus der Zeitung ausgeschnitten und zeigte es allen, die nach ihrer Tochter fragten. »Mit diesem Mann ist sie zusammen, das ist einer, der in der Zeitung steht, der ist wichtig.«

In der lebhaften familiären Debatte über den Anwalt hatte auch Biagino Orlando, mit Künstlernamen Celestino, seine Meinung kundgetan.

Einen lapidaren Satz.

»Er trinkt nichts, er ist nichts wert.«

Der Anwalt brachte Mimi an abgelegene Orte. Oft liebten sie sich unterwegs, er hielt das Auto vor einer dunklen, geschlossenen Tankstelle an und hob sie gegen eine Mauer, wo die schwebende Mimi ihn fest umschlang, bis sie ihn mit ihren nervösen Beinen fast zerquetschte, so dass er mit kreischender Stimme rief: »Du tust mir weh!«

Er brachte sie in Buchenwälder, in Olivenhaine, wo sie sich auf der Motorhaube oder an einem Baum liebten. Es gefiel Mimi, an solchen Orten zu landen, von denen besonders einer sie verstörte und erregte, eine verlassene alte Zuckerfabrik.

Versteckt am Grund eines kleinen Tals, schien sie auf den ersten Blick aus Karst zu bestehen, etwas zwischen einer Schlucht und einem Vulkankrater. Die Fabrik war eine Schachtel aus Eisen und Blech, die Platten waren verrostet, und auf dem Kiesweg zu dem Gebäude lagen rostige Metallteile. Drinnen war eine süßliche Luft zurückgeblieben, jene Süße ganz kurz vor dem ekelerregenden Geruch von Müllbergen. In einer Ecke lag eine Matratze, wo sich tagsüber Fixer einen Schuss setzten. Ein gefährlicher Ort war das, der den Adrenalinspiegel ihrer Begegnungen ansteigen ließ und im Lauf der Zeit unentbehrlich wurde.

»Zieh dein schönstes Kleid an«, bat der Anwalt, und Mimi gehorchte, hüllte sich in dunkle Kleider mit einem einzigen Reißverschluss, einem einzigen Knopf, die den Anschein von Unnahbarkeit hatten. Schwarze Strümpfe, einen neuen Hüfthalter, den sie sich von einer mit ihr verschworenen Schneiderin aus Castrignano passend auf die Hüften hatte nähen lassen, hochhackige Schuhe, das alles, um an einen Ort zu gehen, wo es niemanden und nichts mehr gab, außer dem Geruch und Geschmack nach Zuckerrohr.

Manchmal flammte ein Licht am Ende des Weges auf, während Mimi und der Anwalt ineinander verschlungen waren, jemand hatte sie entdeckt. Ein alter Landstreicher, ein verzweifelter Junkie, doch niemand hatte sie je gestört: Der Lichtschein verschwand, wie er gekommen war, gleich einem Kometen oder einem Irrlicht. Das wohlwollende Wunderzeichen eines gastfreundlichen Geistes.

Oft hatte Mimi, wenn sie nach Hause zurückkam, sich kein einziges Mal ausgezogen, sie hatte die ganze Nacht lang an verschiedenen Orten Liebe gemacht, und davon blieb nur eine schwarze Spur vom Eyeliner auf ihrer Wange, das einzige Zeichen, dass der Anwalt vorbeigekommen war.

Eines Nachts schlug er Mimi ein Fest in Lecce vor. Mit verdächtiger Häufigkeit fügte er der Einladung das Adjektiv »besonders« hinzu.

»Das wird ein besonderes Fest mit einer ›besonderen Begegnung‹.«

Eine Kette aus Kerzenlichtern entlang der Treppe des Schlosses von Karl V. wies den Weg. Die Gäste folgten den Klängen der Musik aus einem Raum, in dem ein Orchester spielte.

Die Frau mit dem Glas Prosecco lächelte, ihr Rücken war nackt, die schwarzen Haare fielen ihr lose auf die Schultern, und ihre bemalten Augen glänzten im Licht. Die Männer beobachteten sich heimlich; wenn sie lachte, schloss sie die Augen, und manch einer wagte nur dann, sie zu mustern, von den Schuhen bis zum Haar. Furchtlos.

Es war Mimi.

Der Anwalt war den ganzen Abend lang an ihrer Seite geblieben, bei ihnen war eine große junge Frau, die in einer Kanzlei in Brindisi arbeitete. Er hatte hartnäckig darauf bestanden, die beiden Frauen miteinander ins Gespräch zu bringen. Mimi konnte ihren Namen nicht behalten, etwas Exotisches wie Aspasia oder Acaia, ein Künstlername vielleicht. Sie war viel jünger, als sie aussah. Ihr Gesicht war mit einer dicken Schicht Puder bedeckt, die künstlich verlängerten Wimpern sprossen aus einem blauen Blick, blau wie die Iris und das Augenmake-up. Sie bewegte sich ungezwungen in ihrem eleganten Kostüm mit Blumenmuster, und während sie einige gewagte Liebesgeschichten erzählte, spürte Mimi ihren Atem so nah vor ihrem Mund, als wollte das Mädchen sie im nächsten Augenblick küssen. Eine Leichtfertigkeit, die Mimi amüsant fand, doch nach mehreren Drinks verlor der Atem seine anfängliche Grazie, nahm den Geruch von Alkohol und Zigaretten an, die Stimme der Frau wurde heiser.

Freundlichkeit ist eine Gabe der Seele.

Mimi glaubte daran, mit Freundlichkeit kann man die kleinen Unhöflichkeiten und die großen Schmerzen lindern, Freundlichkeit ist eine Eigenschaft von Menschen, die einander zuhören können. An diesem Abend im Schloss übte niemand Freundlichkeit, nur Höflichkeit. Ein konventionelles Ritual aus gezwungenem Lächeln, aus Sätzen, die einer Sammlung von Selbstverständlichkeiten entnommen waren.

»Was arbeitest du?«

»Krawatten.«

»Du entwirfst sie?«

»Nein, ich mache sie.«

»Du lässt sie herstellen?«

»Nein, ich mache sie, ich bin Arbeiterin.«

»Ach, ich fühle mich auch als Arbeiterin.«

»Aber du bist keine.«

»Stimmt, ich bin Anwältin, so wie du Krawatten machst, aber ich bin noch etwas anderes, ich bin Malerin.«

»Was malst du?«

»Ich male weibliche Körper, sie sind Linien, kaum einer versteht, dass es Frauen sind, aber so hat Klimt auch gemalt.«

»Den kenne ich nicht.«

»Der mit dem Kuss. Aber ich vergleiche mich nicht mit ihm.«

»Schade.«

»Macht ihr denn noch was anderes außer Krawatten?«

Es ist eine Krawattenfabrik, dumme Gans. Sie heißt Krawattenfabrik, weil dort Krawatten gemacht werden.

»Nein, im Moment nur die, mehr nicht.«

Freundlichkeit übt man mit Blicken, mit dem Tonfall der Stimme, und sie ist ein seelischer Zustand, der sich zwischen zwei verliebten Wesen herstellt oder zwischen zwei

Menschen, die eine natürliche Empfänglichkeit für die Anmut der Dinge besitzen. Anmut. Eine Eigenschaft, die nicht notwendigerweise nur gebildete, aber auf jeden Fall begabte, mit Intelligenz begabte Menschen ohne Mühe erkennen lassen.

Die Kerzen waren erloschen, die festliche Atmosphäre war verflogen. Die Farbe des Schlosses war jetzt das Halbdunkel. Zu dritt gingen sie die Treppe hinunter und zum Auto des Anwalts.

»Bringen wir sie nach Hause?«, fragte Mimi in einem der wenigen Momente, in denen sie mit dem Anwalt allein war.

»Wir nehmen sie mit zu uns.«

»Ich verstehe nicht.«

»Ihr mögt euch, scheint mir.«

»Sie hat Witz, aber mehr nicht. Sie malt. Ich mache Krawatten.«

»Das ist egal, wir spielen ein Spiel.«

Bevor Mimi das Gespräch fortsetzen konnte, kam das Riesenmädchen dazu. Man stieg ins Auto, Aspasia saß hinten und strich Mimi mit einer seltsamen Liebkosung über die Wange.

»Du bist sehr schön.«

»Ich habe eine Tochter in deinem Alter«, sagte Mimi, sie hatte schroff sein wollen, aber es kam in einem doppeldeutigen Ton heraus, ihr Herzklopfen war stärker gewesen als der soeben ausgesprochene Satz, und das erhöhte die Zweideutigkeit.

»Wir zeigen Aspasia einen geheimnisvollen Ort«, schlug der Anwalt mit verschwörerischer Miene vor.

Mimi tat einen tiefen Atemzug: »Ich will nach Hause, wenn du nichts dagegen hast, morgen ist Palmsonntag, Arianna kommt, und ich möchte da sein.« Es war eine ungeschickte Ausflucht.

Mehr Worte wurden auf dem Heimweg nicht gewechselt. Aspasia stieg stumm aus, und stumm blieb auch der Anwalt auf der ganzen Strecke über die Staatsstraße bis zum Capo.

»Manche Pläne macht man besser zu zweit, findest du nicht?«

»Es war nur ein Spiel.«

»Eben, wir hätten es absprechen können.«

»Aspasia ist kein Mädchen wie die anderen.«

»Zwar nur indirekt, aber du beleidigst mich.«

»Meine Güte, wie kompliziert du bist, Mimi.«

»Aha, jetzt bin ich auch noch kompliziert, ich bin ja sowieso komisch, aber da du mich kennst und dich so toll findest, dass du glaubst, einen Dreier machen zu müssen, warum hast du dann keinen Jungen geholt statt eines Mädchens?«

»Ich kann nicht mal einen nackten Mann am Strand ansehen, einer im Bett mit meiner Frau wäre unerträglich.«

»Aber ich soll ein Mädchen ertragen, was? Mein lieber Anwalt, ich mag Jungen. Das nächste Mal fragst du deine Signora, was ihr gefällt und was nicht, und wenn wir was Neues ausprobieren, dann machen wir etwas, was uns beiden gefällt. Verstanden, werter Herr?«

Es war tiefe Nacht, als sie zurückkam, auf Zehenspitzen, um so wenig Lärm wie möglich zu machen. Sie war es gewöhnt, Leichtigkeit in den Füßen und eine von Müdigkeit beschwerte Seele zu haben, wenn sie im Dunkeln auf der löchrigen kleinen Straße zwischen den von Mauern umgebenen Gärten heimkehrte. Arianna saß zwar ein paar Kilometer weiter nördlich in einem Zug, trotzdem war es, als schliefe sie noch immer in ihrem Heim, im Zimmer neben Mimis.

Still sein, nicht stören. Eine Regel, die nie gebrochen werden durfte.

Doch was war das für eine Menge, eine Menschentraube, die sich um das Haus versammelt hatte. Etwa vierzig Leute, jemand schrie, als sie auftauchte:

»Lauf, Mimi, Celestino hält sich für Jesus!«

Biagio hatte sich im Haus verbarrikadiert und angefangen zu heulen, worauf die Nachbarn und die Ordnungskräfte herbeigelaufen waren. Er lallte betrunken, er sei Christus, auf die Erde herabgestiegen, um die Väter mit dem Schwert von den Söhnen zu trennen.

»Armer Antonio, arme Rosanna«, sagte jemand. Niemand sagte Arme Mimi, während Celestino mit brechender Stimme brüllte wie ein Besessener. Wortwörtlich zitierte er aus dem Handbuch des belesenen Kirchendieners:

»Mein Volk, was habe ich dir angetan?«

Das waren die Worte Jesu auf dem Kreuzweg, der an eben diesem Abend in ihrer Pfarrgemeinde aufgeführt worden war.

Eine Hauptrolle kam bei Celestino nicht in Frage, also war er auf einen zweitrangigen Platz verwiesen worden, einen der unwichtigen Zenturionen, weil er sich obendrein geweigert hatte, Jesus auszupeitschen, und sei es auch nur im Spiel.

Gleich nach dem Ende des Kreuzwegs war Celestino nach Hause gegangen, ausgerüstet nach alter Gewohnheit, mit einer Flasche der »Perücke«, unter der Tunika gut verborgen. Schon bald hatte er angefangen, verrücktzuspielen, er schrie, schlug alles kurz und klein, riss die Fenster auf und drohte den Nachbarn mit einer kurz bevorstehenden, reinigenden Apokalypse.

Wegen des Lärms waren sie alle herbeigeeilt.

»Dieser Verrückte lässt einen nicht schlafen, Mimi, du bist zu nachsichtig mit deinem Bruder«, sagte ein alter Mann, dessen Hals eine Taschenlampe beleuchtete. Sein Ton war aggressiv, so wie die Augen, die vor Zorn glühten.

Unterdessen rezitierte Celestino allen zum Trotz seinen Text, wohl wissend, dass die Leute da draußen nicht weniger böse waren als die Zenturionen, die Alten im Hohen Rat oder die Menge, die den Mörder Barabbas rettet und den Sohn Gottes verdammt.

Celestino war zu dem Jesus des Kreuzwegs geworden, wie er sich immer erträumt hatte. Geächtet, verurteilt, gekreuzigt, derselbe Zustand wie an allen Tagen seines Lebens, von einer Bar zur anderen bis zur Auferstehung.

Mimi steckte den Schlüssel ins Schloss, konnte ihn aber nicht herumdrehen.

Biagino hatte sich verbarrikadiert.

»Ruft die Feuerwehr aus Maglie«, forderten die Leute vor dem Haus. Sie wollten ihn ins Irrenhaus werfen, es nur für ihn wieder aufmachen, sie wollten schlafen. In Mimis Kopf vermischten sich die Stimmen zu einem einzigen Protestgeschrei, einer einzigen Drohung, die am Zustand ihres Bruders abprallte, damit sie Mimi treffen konnte. Sie empfand Erleichterung, als Federico mit seinem Vater, dem Vope, auftauchte. »Mein Junge geht Arianna morgen am Bahnhof abholen, Mimi«, sagte der Vope, der sofort im Schlafanzug und Mantel auf die Straße gegangen war, als er von Federico erfahren hatte, was geschehen war.

Die kleine tröstliche Geste gab ihr Kraft.

Sie legte ihr Gesicht an die Tür und fing an zu sprechen.

»Biagino, ich bin's, Mimi.«

»Biagino ist nicht da.«

»Mimi, deine Schwester.«

»Ich bin Jesus.«

»Biagino, ich bitte dich.«

»Ja bete, wenn du betest, wirst du erlöst.«

»Biagino, mach auf, sie reißen uns die Tür ein.«

Und während sie das sagte, hörte sie etwas im Haus explodieren. Biagino verrückte die Möbel, kippte die Anrichte und die Tische um, erzeugte einen gewaltigen Lärm, der die herbeigeeilten Menschen verstummen ließ. Die Dunkelheit war undurchdringlich, fast konnte man die Atemzüge all jener hören, die auf eine baldige Wende warteten.

»Biagino, ich bitte dich.«

»Geh weg, schäm dich ausnahmsweise mal für dich, nicht für mich.«

»Verzeih mir, Biagino, du bist der Mensch, den ich neben Arianna am meisten liebe. Mach auf, du bist der einzige Mensch, der mir geblieben ist.«

Plötzlich erfüllte ein starker Gasgeruch die Luft.

»Er hat den Gashahn aufgedreht!«, die meisten liefen sofort davon, der Carabiniere, ein junger Mann, untersetzt und olivbraun, mit dem Akzent von Bari, kam mit strenger

Miene, aber auch einer Spur Mitleid auf Mimi zu. »Signora, wir müssen die Tür eintreten und ihn mitnehmen, damit die Leute sich wenigstens beruhigen.«

»Bitte lassen Sie mich einen letzten Versuch machen. Wenn er mir öffnet, verhaftet ihr ihn nicht, ich bitte euch.«

»Tut mir leid, wir müssen ihn mitnehmen.«

Mimi drehte dem Mann in Uniform den Rücken zu und ging zur Tür. Sie hockte sich vor das Türschloss und begann, den Text, den die verzweifelte Situation ihr eingab, durch das Schlüsselloch zu hauchen. Die Freundlichkeit. Sie bot all ihre Kräfte für den letzten Tropfen Freundlichkeit dieses Abends auf. Und was ist Freundlichkeit, wenn nicht Anmut, eine Spur Liebe, Entschlossenheit und eine kleine Zwecklüge.

»Signore, die Wachen des Gouverneurs sind gekommen, es ist so weit.«

Der Carabiniere wurde stocksteif, wechselte einen überraschten Blick mit seinem Gefreiten.

»Signore.«

Aber das Schauspiel musste nicht fortgesetzt werden. Celestino hatte verstanden, er war erkannt worden. Er brauchte jemanden, der ihm zuhörte und seine Sehnsüchte begriff, auch wenn es um die verrückteste Sehnsucht der Welt ging.

Wieder entstand eine unerwartete Stille, der Schlüssel wurde umgedreht, und die Tür öffnete sich, eine starke Gaswolke drang in die Nasenlöcher, aber Celestino stand dort auf der Schwelle. Mimi warf sich ihrem Bruder sofort an den Hals, eine Sekunde, bevor jemand ihm etwas antun konnte. Sie küsste ihn und trocknete ihm mit ihren Wangen den Schweiß, der in winzigen Perlen aus seinen Haaren rann, sie atmete ein wenig Schweiß durch die Nase ein und spürte im Mund den salzigen Geschmack von Tränen, und als sie ihren Bruder fest an sich drückte, wusste sie, dass sie nicht allein war, mit ihm würde sie niemals allein sein, auch wenn er missraten war, ein zerstörter Mensch. Darum war er ein Mensch voller Wahrheit.

2000

Die Parmasia

Das Krankenhaus war mit Weihnachtsbeleuchtung geschmückt, die Statue seines Gründers stand im Dunkeln auf dem Platz vor der Schranke; die Dunkelheit ließ die Dinge älter erscheinen, hob leise Geräusche hervor, wie die der Schuhsohlen auf dem nassen Asphalt, das Rascheln von Stoffen, das Schlagen der Türen.

Flackerndes Krankenhausneon erleuchtete den Flur, blendende Reflexe, die auf den Gesichtern der Besucher glänzten. Die Leute trugen Mäntel, als gäbe es keinen Unterschied zwischen drinnen und draußen, vor jedem Zimmer stand eine Gruppe von Menschen, alle flüsterten, manchmal brach jemand unversehens in Gelächter aus, dann kehrte jenes leise Murmeln zurück, wenn Sprechende die Stimme senken, um nicht zu stören.

Zimmer 14, Abteilung Allgemeinmedizin. Die Besuchszeiten waren strenger als in der Hals-Nasen-Ohren-Abteilung, aber dort war kein Platz mehr für die am Pleura-Mesotheliom Erkrankten. Seit einiger Zeit wurden sie nach Hause geschickt, um sich dort behandeln zu lassen und zu warten. Es hieß »warten«, und jeder ahnte den finsteren Schatten einer zweiten, unheimlichen Bedeutung dieses Wortes.

Antonio Orlando war im letzten Jahr gestorben und mit ihm Dutzende der männlichen Bewohner des gläsernen Hauses in Zürich. Das ergab eine Landkarte, die Mimi in den Schlupfwinkeln ihres Herzens aufbewahrte. Eine Landkarte mit den Namen der Familien, die während jener wenigen Monate mit ihr zusammengelebt hatten, und jede dieser Familien hatte den langsamen Todeskampf eines ihrer Männer erlebt. Von den Älteren hatte keiner überlebt. Mimi war zu einem guten Dutzend Beerdigungen gegangen, und jedes Mal hatte sie dasselbe blaue Kleid getragen, weil es ihr gut stand, und denselben Hut mit einem altmodischen Schleier, den sie sich in einer Mischung aus Koketterie und Bosheit genäht hatte, einer Mischung, die sie häufig überkam.

Nach jeder Trauerfeier ging Mimi zu ihrer Mutter Rosanna. Sobald sie zusammen waren, stimmten sich beider Bewegungen in einer Symphonie aus genau festgelegten Gesten aufeinander ab: Aus den Lindenholztruhen mit Mimis unbenutzter Aussteuer holten sie Wäschestücke, lockerten ein Laken oder ein Tischtuch unter der Sonne und falteten es, ohne ein Wort zu wechseln, wieder zusammen, nachdem sie die Säume zu den entgegengesetzten Seiten des Hofes gezogen und den Stoff mit einem heftigen Ruck geglättet hatten. Schließlich hoben sie die gerundeten Arme, als umarmten sie einen großen Weidenkorb, und ein Beobachter hätte meinen können, die beiden Frauen führten zwischen Tüchern und Stickereien einen Tanz auf. Wenn sie das Wäschestück zusammengefaltet hatten, legten sie es zur *parmasia*. Dieses Wort bedeutete eigentlich, sich um die hungrigen Verwandten des Verstorbenen zu kümmern und für sie zu kochen, aber gemeint war auch der große Korb mit Pasta, Zucker, Öl, Quittenmarmelade und getrockneten Tomaten.

Wer an der Ternitti gestorben war, bekam eine spezielle Behandlung, der Totenkorb durfte keine Milch enthalten. Davon hatten sie in ihrer Jugend schon zu viel getrunken, die »rüstigen« Arbeiter, die Asbest einatmeten und sich einbildeten, sie seien immun gegen die Brustkrankheit.

Der Geist, mit dem man den Totenkorb einer *parmasia* füllt, gleicht der Haltung, die uns sehr früh abverlangt wird, wenn wir noch Kinder sind: Erregung, Angst und ein angeborenes Verantwortungsgefühl. Man füllt den Korb eher für die Toten als für die Lebenden, obwohl sie es sind, die die Gaben im Korb essen und benutzen werden. Und der Tod verwandelt sich in eine Reise, sei sie nun kurz oder lang, doch so angenehm wie möglich.

Die Besucher dürfen bis zehn nach zwölf bleiben, bis nach den Neujahrswünschen, dann müssen sie gehen. Die Krankenhausleitung hatte diese Ausnahme gewährt, weil es sich um einen besonderen Jahreswechsel handelte.

Die Nacht zwischen dem 31. Dezember 1999 und dem 1. Januar 2000 verbrachte Mimi, geschmückt mit einem Lächeln, im Krankenhaus. Nicht verändert hatten sich, trotz der jüngsten Trauerfälle, ihre schwarzen Haare, die von feinen Falten gezeichneten Züge, nur die Vertiefung der Wangen war ausgeprägter, und nach einem Arbeitstag in der Krawattenfabrik wuchsen kleine helldunkle Schatten zwischen den Linien der Wangenknochen und den Augenhöhlen, so dass Kinn und Nase scharf hervortreten konnten. Im Licht des Sonnenuntergangs tauchten die kantigen Züge ihres Gesichts in eine verschwommene Wolke, die alle Schatten verfliegen ließ.

Domenica Orlando trug immer einen feinen Hauch Schminke unter den Augen, die schmalen nervösen Hände schienen nicht darin geübt, Baumwolle und Seide zu flechten, sondern sanft die Saiten einer Harfe anzuschlagen.

»In Australien war schon Mitternacht, und es ist nichts passiert!«

»Was redest du?«

»Nichts, absolut gar nichts!«

»Hast du gehört, dass sie den Strom abdrehen mussten, Mimi?«

»Es ist nichts, Vope, bleib ganz ruhig, ich hab den Spumante mitgebracht, den du magst, den süßen, der ist wie Sirup.«

Fünfundzwanzig Jahre nach den Nächten, die sie in zwei nebeneinander stehenden Betten verbracht hatten und Ippazio ihre schwarzen Haare streichelte, saßen Mimi und der Vope einander gegenüber. Er unter der Bettdecke in einem glänzenden grauen Schlafanzug mit versilberten Knöpfen, unpassend elegant, das Etikett hing noch am Halsausschnitt.

Mimi trug sehr enge Jeans und einen eingelaufenen Wollpullover, sie liebte leuchtende, grelle Farben, Flammen – »er ist grässlich, aber ich habe heute Abend kein anderes rotes Stück gefunden«. Sie war mit Vopes Frau und den Kindern Arianna und Federico gekommen, zusammen zählten sie die Sekunden bis zur Ankunft des neuen Jahrtausends.

»Neun… acht… sieben…«, das Knattern eines Knallfroschs, dann wurde der schwarze Himmel der Adria in den Fenstern der Krankenhausflure mit buntleuchtenden Blitzen bemalt.

»Sechs… fünf… vier… drei«, Mimi hielt eine Flasche Spumante und drückte mit der Hand gegen den Korken.

»Zwei, eins, frohes neues Jahr!« Der Korken flog in die Luft, gefolgt von einer weißen Schaumspur.

Die Fröhlichkeit war verhalten, an das Blei der Umstände gekettet. Mimi drückte Vopes Knie, das unter der Decke hervorkam, sie warf ihm ein Scherzwort im Dialekt zu, er lächelte. Er antwortete mit einer Geste, er wollte ihr etwas ins Ohr sagen, ohne dass die anderen ihn hörten. Mimi beugte sich zu ihm vor. Das eine oder andere Wort würde bis zu den anderen dringen, aber nicht der Kern. Und es war ein kostbarer Kern. Fast ein Geheimnis.

»Der Pati hat's vorhergesehen, dass wir dort sterben.«

Mimi zuckte zusammen, als sie hörte, dass der Vope Ippazio bei diesem Namen nannte.

»Ich will nichts von Ippazio hören.«

»Hast du ihn nicht immer Pati genannt?«
»Jetzt nicht mehr.«
»Aber das muss ich dir erzählen.«
»Lassen wir die Gespenster in Ruhe.«
»Weil du es nicht gesehen hast. Du weißt es nicht.«
»Doch doch, ich weiß Bescheid.«
»Gar nichts weißt du. Hör zu, einmal hatten wir zusammen Nachtschicht, Pati und ich. Da sehen wir einen in den Zement fallen. Er hat geschrien, dass ich davon noch immer nachts aufwach. Den Kopf hat er einmal aus dem Dampf gesteckt, dann ist er verschwunden. Am nächsten Tag hat Pati seinen Arbeitsanzug verbrannt und ist nicht mehr gekommen. Und das hat ihn gerettet, glaub ich. Ich hab nicht den Mut gehabt aufzuhören und hab Milch getrunken. Weil sie uns sagten, wir müssten viel Milch trinken, um nicht krank zu werden. Da siehst du, was aus mir geworden ist, jetzt bin ich hier. Das Ende eines Idioten. Nur Idioten wussten es nicht, wollten es nicht wissen.«
Mimi fühlte sich unbehaglich, doch in tiefster Seele empfand sie Achtung für diesen Mann, der dem Tod stolz ins Auge blickte. Pati hatte ihn gesehen und war geflohen, der Vope hatte getan, als wenn nichts wäre, er hatte ihn akzeptiert wie ihr Vater Antonio Orlando, ohne Eitelkeit, ohne sich den Geist vernebeln zu lassen, ging er dem Tod mit derselben Selbstverständlichkeit entgegen wie eine Fußtruppe dem Angriff eines tausendmal größeren Heeres. Vopes Beichte verdiente ein Zugeständnis, diesmal aber von Mimi.
»Jede Nacht haben wir achtgegeben, dass du uns nicht hörst«, gestand sie mit einer Stimme, die ihr aus einer unendlich weiten, verschämten Ferne kam.
»Ich war dumm, war neidisch auf euer Glück. Aber das habe ich nie zugeben können.« Der Vope konnte nicht alles sagen, was in ihm aufwallte, wie er die beiden bei Mama Rosanna verpfiffen hatte, wie er Biagino Bier zu trinken

gegeben hatte, tausend Jahre, bevor Biagio zu Celestino wurde. Er hätte mit Mimi gerne über die Jahre aus Glas geredet, über die Nächte, die er damit zugebracht hatte, auf ein hörbares Schlucken zu warten, immer in der Hoffnung, die beiden Verliebten würden mit ihm sprechen. Denn er wünschte sich eine Freundschaft. Mehr nicht. Und jetzt Federico und Arianna, in der Liebe zwischen ihren beiden Kindern lag eine Art Entschädigung.

Mimi rückte dicht an sein Ohr. Sie bot ihre ganze Freundlichkeit auf: »Lass uns vergessen, was uns wehgetan hat, und nur die Erinnerungen bewahren, bei denen wir lächeln können.« Für Mimi war das eine Übung der Seele. Die schönsten Teile der Erinnerungen festhalten, das Gute: wenn Mimi vor Jahren in der Nacht des heiligen Rochus in Torrepaduli bei dem Kuss mit dem geheimnisvollen Musikanten aufgehört hätte, dem Kuss auf dem Trittbrett eines Wohnwagens am Stadtrand; wenn sie und Ippazio vor Jahrhunderten nur das Gute ihrer Liebkosungen in seinem Bett bewahrt hätten; wenn sie sich aus Zürich das neue Leben mit Arianna mitgenommen hätte, statt die Spur aus Totenkörben, die sie füllen musste.

»Darum siehst du immer so glücklich aus.«

»Ich weiß nicht.«

»Sprichst du darum immer mit dir selbst?«

»Darüber hab ich nie nachgedacht.«

»Was erzählst du dir?«

»Das ist ein Geheimnis.«

»Kannst du es mir nicht jetzt sagen, wo ich Abschied nehmen muss?«

»Du musst nicht Abschied nehmen. Ich hab dich gern. Und Federico habe ich auch gern.« Nachdem sie das gesagt hatte, tunkte sie Watte in Wasser und strich damit über Vopes Lippen und über seine Augen, die sich mit einer gelblichen Asche gefüllt hatten.

»Federico ist nicht anspruchsvoll.«

»Arianna auch nicht. Sie hatte ein Dach, Liebe, Wärme und Sicherheit, sollte sie mal auf eine harte Probe gestellt werden, wird sie vernünftig reagieren.«

»Federico sehe ich, und kann doch nicht sagen, was aus ihm wird.«

»Er hat eine einzigartige mutige Mama und vorerst auch eine ebenso einzigartige Schwiegermutter, er sollte Arianna gut festhalten.«

»Es ist sein Leben.«

»Basta, es reicht, wir haben schon viel über unsre Kinder geredet.«

»Mimi, ich sterbe wie Don Tonino.«

»Also müssen wir dich jetzt auch noch heiligsprechen?«

Der Vope lächelte. Ein bitterer Halbmond, die Zähne blitzten im künstlichen Licht, und die Augen schlossen sich vor Müdigkeit.

Mimi dachte darüber nach, dass noch niemand ihr die Geschichte erzählt hatte, wie Ippazio die Fabrik verließ. Sie hatte davon gehört, dass Männer im Zement ertranken, doch niemand hatte ihr verraten, dass ihr Pati nach einer solchen Tragödie weggegangen war, von Pati hatte sie schon sehr lange nichts mehr gehört, schon seit jeher, schon Monate bevor Arianna kam.

Mit ihrem besonderen Lächeln verließ Mimi die anderen, um nach Hause, nach Lucugnano zurückzugehen.

Draußen war es schneekalt, Tricase wurde vom Tramontana gepeitscht, am Himmel stiegen die weißen Säulen des verdampfenden Schießpulvers auf, und am Horizont des Hafens spiegelten sich im gekräuselten Wasser der Adria brennende Girlanden wie die Sternschnuppen an Sankt Laurentius. Inmitten der triumphierenden Freude aus Raketen und Rauch war Mimi still.

Ihre Tochter Arianna sah sie zweimal im Jahr, an Weihnachten und im Sommer, denn Arianna studierte Medizin, und jedes Mal war sie fremder, schwerer zu verstehen.

Im Sommer letzten Jahres war sie mit kurzgeschorenen und orange gefärbten Haaren angekommen. Sie machte alle Prüfungen rechtzeitig und konnte die Miete für ein Zimmerchen hinter einer Falttür selbst bezahlen, weil sie in einer Pizzeria in Monte Mario arbeitete, einem Viertel mit niedrigen Häusern im Norden Roms.

»Wie findet Federico diesen neuen Haarschnitt?«

»Warum fragst du nicht, wie ich ihn finde?«

»Ich kann mir denken, wie du ihn findest, du hast dir diesen modernen Schnitt ja selbst ausgesucht.« Und bei den Worten »modernen Schnitt« bebte Mimis Stimme.

»Keine Ahnung was Federico denkt, und es ist mir auch ziemlich egal, weißt du, wie oft mich dein lieber Federico in den letzten drei Monaten besucht hat? Federico, der Liebling aller Schwiegermütter?«

»Zweimal?«

»Null.«

»Null?«

»Null.«

»Aber er arbeitet in der Bar seines Vaters. Warst du schon einmal bei seinem Vater?«

»Ich studiere ein Fach, bei dem es zehn Jahre dauert, bis ich ein Stück Papier kriege, das mir eine Stelle verschafft, und ich arbeite auch, genauso wie Federico, manchmal glaube ich, er liegt dir mehr am Herzen als deine Tochter.«

»Du liegst mir am Herzen, und dann liegt ihr beide zusammen mir am Herzen. Seit zehn Jahren schon.«

»Acht.«

»Also fast zehn.«

»Nein. Mama, du lebst das Wunschbild eines Lebens, das es nicht mehr gibt.«

»Ich kenne Arianna Orlando, und sie ist meine Tochter, auch mit scheußlichen Haaren.«

»Erinnerst du dich, wessen Schwester du bist?«

»Ich erinnere dich daran, dass er dein Onkel ist.«

»Seine blaue Mähne hat mir mehr Schaden zugefügt als …« und hier brach Arianna mit verstörter Miene ab.

»… mehr Schaden als wer, als was? Warum sprichst du nicht weiter? Du bist vierundzwanzig, vielleicht übernimmst du endlich einmal die Verantwortung für das, was du sagst.«

»Du hast schon verstanden. Gute Nacht.«

Mimi sah ihre Tochter in dem dunklen Zimmer verschwinden, sie bekam eine ebenso unbändige wie unaussprechliche Lust, sie zu schlagen. Aber sofort schämte sie sich dafür.

Mimis Geschichte bestand aus unpassenden Verknüpfungen, aus willkürlichen Ähnlichkeiten. Sie war eine Frau, die die Konventionen, die Sicherheiten ihrer engsten Freunde durcheinanderwirbelte. Die Welt ist voll von solchen Menschen, aber nur sehr wenige können dieses Auserwähltsein bewusst mit allen Konsequenzen leben.

Mimi war in der Gegend aufgewachsen, die zum Kanal von Otranto abfällt: Salz, Steinkorallen, Seegrasbüschel und die Schatten der Feigenbäume auf der kurvigen Hauptstraße. Dann hatte man sie in einen durchsichtigen Würfel versetzt, tausend Kilometer entfernt, in Zürich, zwischen fremde Dialekte und Männer, die nach Krokydolith rochen. Sie hatte gesehen, wie die Gesichter aller Männer in ihrer Umgebung nach und nach die Farbe des Zements annahmen, mit dem sie arbeiten mussten. Sie hörte diese von der Zeit gebeugten Gestalten mit immer schrillerer Stimme sprechen, wie die Amseln, die auf den Hochspannungsleitungen singen, und sah, wie sie deren schmächtige Statur annahmen, sich in sich selbst zusammenkrümmten, bis sie genauso winzig und schwarz wurden.

Im Geschichtsunterricht der Abendschule hatte sie eine Anekdote gehört. Sie erinnerte sich oft daran, die Geschichte war von einem dunklen Rahmen umgeben wie Traumbilder, es handelte sich um eine Erzählung aus der Konterrevolution in Paris.

Wenn die Opfer der Reaktion auf das Schafott stiegen, umringte sie eine Menschenmenge, und immer gab es in dem wie eine Viehherde brüllenden Haufen eine einzelne Frau mit der Anmut und der Barmherzigkeit eines Engels.

Diese Frauen waren leichtfertig oder mutig oder beides, denn sie fürchteten sich nicht davor, dem zum Tode Verurteilten einen Kuss anzubieten. Sie hatten keine Angst vor den Folgen. Hätte man sie entdeckt, in flagranti erwischt und angeklagt, wären sie vor einen Henker gezerrt worden. Es war nur ein inniger Kuss, bei dem der Nektar des Endes und des Anfangs getauscht wurden, als würden alle Gefühle der irdischen Welt und des Jenseits von hier ihren Ausgang nehmen.

Für Mimi war dieser Kuss auf dem Schafott, der nur den Raum einer kleinen Fußnote während einer Geschichtsstunde gehabt hatte, der Schlüssel für die Beziehung zwischen zwei Liebenden.

Der Kuss, das Verschmelzen von Säften, die vor Erregung trockenen Zungen, die einander zwischen den Spalten der Zähne, am Gaumen und schließlich bis tief in die Kehle hinein suchten, als wollten sie ersticken, das war sie.

Der zum Tode verurteilte Mann und das anmutige Mädchen auf der wogenden Menge, das war sie.

Diese Frau und dieser Mann waren der unvergleichliche Geschmack des ersten nächtlichen Kusses mit Pati. Ein Moment, der ihr ganzes Leben lang in einem kristallenen Schrein eingefasst war, einem ganz persönlichen, verborgenen Ort des Gedächtnisses.

Ippazio erfuhr von Vopes Erkrankung.

Er selbst hatte viel früher mit der Ternitti Schluss gemacht. Insgeheim wusste er, dass er heil davongekommen war, es war nur ein flüchtiger Eindruck, aber er war sich sicher. Die Nachrichten vom Schicksal seiner Arbeitskameraden hatte er als eine Unabwendbarkeit aufgenommen.

Herr Thaur lebte, aber es ging ihm nicht gut. Nach den ersten Schmerzen in der Brust hatte er angefangen, seine Stimme zu verlieren. Der wütende Schrei eines Mannes, der das primitive Deutsch der Italiener nachäffte, war zu einem spitzen Winseln geworden, langsam und kaum verständlich wurden die Worte abgespult, vor jedem Satz ertönte das Gurgeln einer Luftblase, die Stimmbänder waren verbraucht. Herr Thaur stotterte wie ein Kind, das gerade sprechen lernt. Ippazio traf ihn in einer Bar an der Limmat, eine von denen, die früher wie billige Tanzlokale ausgesehen hatten und nun zu *wine bars* mutiert waren, wo schmiedeeiserne Tischchen auf den Holzgerüsten über dem Flussufer standen. Sie trafen sich dort, wo sie sich vor zehn Jahren zum letzten Mal gesehen hatten. Herr Thaur war so wie damals, aber er war auch erschütternd anders. Die Farbe, das Gewebe seiner Haut und sein Blick glichen dem Straßenpflaster, »dem Erdboden gleichgemacht«, fiel Ippazio ein. Sein nächster Gedanke, der sofort folgte, war ein klarer Entschluss. Den Anblick eines erloschenen, ausgetrockneten, dem Erdboden gleichgemachten Vope würde er nicht ertragen.

Doch vielleicht schwirrte in der Ferne noch ein anderer Gedanke.

Mimi Orlando saß mit all ihren Erinnerungen am Krankenbett seines Freundes, das wusste Ippazio, weil er die Seele seiner alten Freundin gut kannte, er kannte die anmutige Hingabe und Barmherzigkeit seiner Landsleute, wenn sie Sterbende begleiten.

Sie war eines der wenigen Dinge, die er seinen Söhnen hätte beibringen wollen.

Ippazio hatte zwei Jungen von Franca bekommen. Doch eben volljährig, waren sie verschwunden, einer hatte sich vom Heer anwerben lassen, der andere baute Häuser in den französischen Kantonen. Ippazio hatte sich nie wirklich als Vater gefühlt, und bevor er Kinder bekam, hatte er nie darüber nachgedacht, dass sie Neugeborene und Kleinkinder sein könnten, er hatte sie sich immer als Jugendliche vorgestellt. Von seinen Söhnen hatte er recht wenig gehabt, weil sie sich mit achtzehn Jahren in Luft aufgelöst hatten. Die Zeit war zu schnell vergangen, um ihnen zu erzählen, was er ihnen hätte erzählen wollen.

Wenige Jahre waren vergangen, seit Mimis Leben sich verändert hatte. Sie hatte sich einen Bruder ins Haus geholt, der in Gedanken in einer anderen Welt war, laut Einwohnerregister ein Mann und in der Seele ein Kind; sie hatte erlebt, dass ihre Tochter fortgegangen war, um zu studieren, und jedes Mal stärker verändert zurückzukommen, in den Gesichtszügen, dem Blick und in den Worten, im Tonfall. Manchmal erschien ihr Arianna sogar wie ein anderer Mensch.

Biagino wurde nicht mehr vom alten Anchises-Antonio-Orlando nachts betrunken aufgelesen. Wenn er das Bewusstsein verlor und auf einer Bank auf der Piazza Pisanelli einschlief, wartete er ergeben, bis die Männer im grünen Anzug mit Silberstreifen, die Angestellten der Müllabfuhr, ihn einsammelten wie einen Müllsack.

Antonio Orlando war in einem Sommer gestorben, ein Jahr lang vielleicht hatte er das Mesotheliom in sich getragen, doch als er die Agonie seiner Leidensgefährten im Krankenhaus sah, hatte er beschlossen, es den Pottwalen gleichzutun, jenen weißen Säugetieren, die kurz vor ihrem Tod aufhören, gegen die Wellen zu kämpfen, um sich von der Strömung ans Ufer tragen zu lassen, wo sie stranden wie leere Muschelschalen. Von März bis August verlor Antonio Orlando die Stimme, er hustete Blut, seine Haut wurde gelblich, und mit wissenschaftlich präzisem Sinn für das Unvermeidliche erwartete er das große Ufer.

Rosanna blieb allein zurück, und alle Frauen im Ort fragten, warum sie nicht zu Mimi zog. Rosanna wechselte das Thema, blickte ihre Gesprächspartner an, und dann hob sie die Augen mit dem Ausdruck des Menschen, der einem vom Himmel gefallenen Schicksal folgt.

Mimi bedrückten die Gärten, durch die sie nicht gegangen war und die immer zu weit weg waren, um noch einmal besucht zu werden.

Wenn sie jetzt durch unbekannte Gärten ging, genoss sie deren Fülle, als wäre jedes erste Mal auch das letzte.

»Einen so jungen Mann küsst eine Frau in deinem Alter nicht«, hätte Mama Rosanna gesagt, wenn sie Mimis neuesten Liebhaber gesehen hätte, einen Arbeiter, der wenig älter war als Arianna.

Der junge Arbeiter war dafür zuständig, Pannen in der Krawattenfabrik zu beheben. Jeden Tag stieg er auf die Ternitti, das Dach, indem er am Rauchfang emporkletterte oder an dem Gerüst, das schon seit jeher die Fassade der Fabrik verbarg. Mimi hätte es nie zugegeben, aber der junge Arbeiter, der sich mit katzenhaften Bewegungen am Mauerwerk hochhievte, erweckte ihr ein Bild zu neuem Leben, das in den dunkelsten Stollen ihres Gedächtnisses begraben gewesen war. Vor einem Streichholz, das nur wenige Sekunden brannte, erzählte ihr Ippazio von seinem Arbeitstag. Von Müdigkeit angefressen, schwebten seine Worte in der Dunkelheit, die das Schwefelpulver mit Schnörkeln bemalte: »Ich habe eine sehr hohe Flamme gesehen, und manche meiner Träume ähnelten ihr …« Mimi vermisste Ippazios Phantasie, die Einbildungskraft, die ihre erste Liebe dazu brachte, Gespenster zu sehen, Bilder im Asbeststaub oder in den Strömen des Blauasbests, auf die er Linien zeichnete, die nur er verstand.

Patis visionäre Begabung besaß der junge Arbeiter nicht, doch als er eines Tages von der Ternitti herunterkam, behauptete er, die Wolken, die man dort oben sah, glichen dem Schaum des gärenden Weins. Und beim Geruch des

Mosts, der zu Wein wird, und dem rostfarbenen Schaum, der die Augen blendet, hatte sich Mimi verliebt.

Mimis Lippen waren kein geheimnisvolles Monogramm, keine Mondfinsternis, ihre Brüste waren keine Kamelien in den Händen der Nacht und ihre Beine kein Aufeinandertreffen zweier Blitze, Magnesiumexplosionen. Mimi war nicht die Frau, die von Dichtern geliebt wird. Sie war zu menschlich und zu wirklich, um von irgendeinem Schreiberling verklärt zu werden. Sie war nicht die Frau, die man Versen ausliefern konnte. Manchmal ist nichts beleidigender für eine Frau als ein Gedicht.

Das war Mimi.

Sie hätte einem Bauernkind geholfen, hundertblättrige Rosen und Veilchen auf eine bunte Pappe zu zeichnen. Aber sie hätte es mit Hingabe getan, nicht aus Spaß und Leichtfertigkeit, sie war unfähig, dem Rest der Welt auch nur einen Hauch von Entgegenkommen zu zeigen. Mimi war so, wie man sie sah, wenn sie an Spätnachmittagen unter einem polierten Himmel und Wolken, die mit Platinadern durchzogen waren, von den Krawatten nach Hause ging, überquellend von Geheimnissen, und jedes dieser Geheimnisse war mit Händen zu greifen. Mit jeder Nacht, in der sie sich weiter von der Jugend entfernte, spürte Mimi den Geschmack des Asbests in der Kehle aufsteigen, bis zur Zungenspitze, und sie konnte die weißen Asbestfibern, die alle Männer in ihrer Umgebung zerfressen hatten, ganz deutlich sehen. Sie sah, wie diese blendendweißen Schneckenfühler, vom Feuer glühend, die italienischen Jungen von Zürich in die Dunkelheit der ewigen Ruhe geleitet hatten.

In den Monaten ihrer Beziehung zu dem jungen Arbeiter wurde Mimi immer mutiger, immer entschlossener, den Stimmen der Vorfahren keinen Widerstand entgegenzusetzen, und wenn sie den Rauch der Kamine roch, wo Olivenzweige verbrannten, blieb sie stehen, schloss die Augen und hörte ihren Stimmen zu.

Mimi hatte keine Angst, wenn sie die lebende Weihnachtskrippe von Tricase besuchte und allein mit Arianna zwischen vollständigen Familien mit Kindern in der Schlange wartete. Dezember für Dezember, Weihnachten für Weihnachten versäumte sie keine einzige Ausgabe der Krippe von Tricase. Auf den tausend Quadratmetern eines ganzen Berges standen, umgeben von Eichen und Macchia, die Hütten, in denen die Handwerkskünste der Vergangenheit vorgeführt wurden. Männer und Frauen in historischen Trachten, vom Feuer der Kamine gewärmt und von Ölfackeln beleuchtet, und zwischen ihnen spazierten ausschließlich kinderreiche Familien, Mütter und Väter. Dort in Tricase fragte Arianna, damals noch ein kleines Mädchen, ihre Mutter einmal, warum sie beide immer allein waren, und dort begriff Mimi, wie sehr sie sich an ihre menschenwimmelnden Einsamkeiten gewöhnt hatte.

Eines Tages kam der junge Arbeiter etwas zu früh im Hause Orlando an.

Mimi ließ ihn eintreten, sie trug eine Schürze und einen schwarzen Rock mit ein paar Küchenflecken, Pantoffeln, und ihre Beine waren nackt. Sie bot ihm Kaffee und einen Stuhl vor dem Herd an, wo ein Topf voller Lumpen kochte, von dem weißer Dampf aufstieg. Mimi hatte ihre Haare mit zwei Bleistiften hochgesteckt, eine Hand rührte mit dem Holzlöffel im Topf, die andere machte Feuer unter der Espressokanne, auf dem Fußabtreter aus Stroh vor dem Herd räkelte sich bäuchlings eine getigerte Katze und wollte spielen.

Das Vorbereiten der Espressokanne gestaltete sich nur dem Anschein nach träge und mühevoll. »Kaffee muss sehr langsam gekocht und dann in aller Ruhe getrunken werden«, hatte Mimi gesagt. Eine Selbstverständlichkeit, doch die Anmut, mit der dieser Satz ausgesprochen wurde, der Klang der Stimme, die Musik der sorgfältig betonten Worte auf Italienisch klangen lange im Raum nach. Seit Mimi die Beziehung zu dem jungen Arbeiter eingegangen war, hatte sie aufgehört, Dialekt zu sprechen. Er verstand das nicht, aber für Mimi war es ein Ausdruck von Liebe und Respekt.

Dann hatte sie die Espressokanne Stück für Stück zusammengesetzt, eine dunkel angelaufene Maschine, die nie mit Spülmittel gewaschen worden war, nur mit kaltem Wasser. Sie füllte das Unterteil mit sehr wenig Wasser, legte den Filtereinsatz darauf und gab mit einem Löffel Kaffeepulver hinein.

»Warum benutzt du keinen Dosierer?«

»Weil gemahlener Kaffee wie Gipspulver ist oder wie Lehm, er muss mit den Händen geformt werden. Ohne Zwischenträger.« Und während sie das sagte, war der Filter schon gefüllt, ein kleiner Berg brauner Körnchen ragte über die Maschine hinaus.

»Durch so viel Kaffee wird das Wasser doch niemals hindurch kommen.«

»Es genügt, wenn man ihn nicht mit dem Löffel zusammenpresst, am besten vergisst du den Löffel ganz, bis der Kaffee aus dem Röhrchen herausfließt.« Sie schraubte das Oberteil an die Espressokanne und stellte die Flamme sehr niedrig ein, »weil er sanft kochen muss«, eine Dampfwolke nach der anderen, so wird der Kaffee schmackhafter.

Mimi hatte keine Hand frei, sie schüttelte einen Pantoffel ab und massierte mit der Fußsohle die Katze, die mit halbgeschlossenen Augen zu schnurren begann.

Der Raum füllte sich mit dem Kollern der Espressokanne und mit ihrem Duft, der junge Mann war hingerissen, aber auch eingeschüchtert von diesen kleinen Details des Alltags, die eines nach dem anderen das Bild von Mimi zusammensetzten.

Mimi erzählte dem jungen Arbeiter nicht viel. Immer wieder versuchte er, Informationen aus weit zurückliegenden Zeiten zu bekommen, ein verborgenes Geheimnis, einen Freund aus der Vergangenheit oder die ganze Wahrheit über Pati und die Geburt von Arianna. Aber Mimi lockte ihn auf falsche Fährten, drehte die Gesprächsthemen um, führte ihn auf Wege, auf denen sie ihn leichter beherrschen konnte.

In der Osternacht war Biagino Orlando, mit Künstlernamen Celestino, die äußerst heikle Aufgabe anvertraut, während der Messe für das Festgeläut der Glocken zu sorgen. Das vereinbarte Signal war ein künstlicher Huster von Don Oronzo während der Wandlung. Der andere entscheidende Augenblick für das Läuten kam nach dem »Ite missa est«. Für diese Aufgabe war Celestiono aus der Gruppe der Nichtsnutze, die sich auf den Treppenstufen zur Kirche betranken und in der Pfarrei herumlungerten, ausgelost worden.

Wenn Don Oronzo nicht da war, wurden die wildesten Turniere von Padrone und Sotto in die Sakristei verlegt. Musste der Pfarrer, der Kinderlähmung gehabt hatte und ein Bein, das nicht gehorchen wollte, sich im oberen Saal Massagen unterziehen, war die ganze Kirche in der Hand von Leuten wie Pippo der Bestie, Cosimino dem Pilz, Lillino dem Rüpel. Bis tief in die Nacht wurde gespielt, wer sich betrank, war häufig so übel zugerichtet, dass er die Treppe hinunterrollte und in der Dunkelheit verschwand.

Biagino saß versteinert vor den bunten Knöpfen, deren genaue Reihenfolge für das Läuten der Glocken er auswendig gelernt hatte. Blauer Knopf, roter Knopf, dann wieder blau. Das Läuten darf nicht weniger als drei und nie länger als fünf Minuten dauern. Es war eine heilige Nacht, die Leute sollten das erfahren, nicht erleiden.

Biagino hatte keine Vorstellung von dem Pandämonium hinter seinem Rücken. Es herrschte ein gewaltiger Lärm, und wiederholt versetzte ihm jemand hinterrücks eine Kopfnuss. Biagino hielt durch, in seinem Inneren spürte er Kräfte, die aus lang vergangenen Zeiten kamen, um ihm zu helfen, und je brutaler der Schlag war, desto mehr spürte er diese geheimnisvolle Energie in sich wachsen. Die Schläge wurden häufiger, jetzt waren es nicht nur Ohrfeigen und Boxhiebe, man wütete auch mit einer Flasche Biancosarti gegen ihn. Den gelblichen Likör hatten sich die verschiedenen anwesenden Celestinos bereits hinter die Binde gekippt, die Atmosphäre war bedrohlich, die Gesichter vom Rausch rostig verfärbt. Da gesellte sich ein Neuankömmling zu der erbärmlichen Schar, die Celestino verhöhnte, Vito Bruschetta, ein vierschrötiger, dicker Junge, unnatürlich kindliche Gesichtszüge, zehn Jahre psychiatrische Anstalt in der Schweiz, aber ein freier Mann in der Region Otranto.

Biagino zuckte nicht mit der Wimper, er fühlte die Wut in seinem Inneren explodieren, empfand aber auch eine tiefe Demütigung.

Vito Bruschetta hatte denselben Nährboden in sich aufgenommen wie Biagino, auch er hatte in seiner Schweizer Kindheit auf Luft herumgekaut und geredet, ohne dass ihm jemand zuhörte. Er war eines jener einsamen, ausgeschlossenen Kinder in einer großen, kalten Stadt mitten in Europa. Aufgewachsen war er in Bern, unzählige Male war er in den Fluss gestiegen, der durch die Stadt fließt, und hatte sich kilometerweit davontragen lassen. Im Sommer badeten tausende Berner in der Aare, um sich dann bis hinunter ins Tal treiben zu lassen. Das Schwimmen mit der Strömung hatte einen Irren aus Vito gemacht oder vielleicht einen Besessenen. Vito Bruschetta, der wegen seiner tomatenroten Wangen so hieß, versuchte den tollkühnen Biagino vor dem Gespött der betrunkenen Celestinos zu verteidigen.

»Er ist Mimis Bruder, lasst ihn in Ruhe.« Das Wort Mimi durfte nur in dringendsten, nachweisbaren Notfällen gebraucht werden. Mimis Name barg eine zweifache Bedeutung, für die einen war sie eine Exzentrikerin, die ihrem Leben keine klare Ordnung hatte geben können und jetzt das verdiente Unwetter erntete; für die anderen war Mimi das Synonym von Freiheit, das magische Wort, in dem sich in jedem Provinznest dieser Welt die Idee einer Möglichkeit konkretisiert: in der eigenen Gegend leben, dort leben, wo man geboren wurde, intensiv leben, mit der Gewissheit, immer man selbst zu bleiben. Denn die Herzen und Köpfe in tausenden Vororten sind voll von Mimi, aber nur wenige sind stolz darauf, gehen erhobenen Hauptes, die Augen an den Horizont geheftet.

Vito Bruschetta, der den Stempel des Verrückten trug, wie viele unter solchen Umständen, war zuinnerst überzeugt, dass Mimi das Sesam-öffne-dich für die Freundlichkeit war, doch auch ein Balsam für den grausamen Wahnsinn, der sich an Biagio austobte. Vito Bruschetta, der vor langer Zeit einmal erlebt hatte, dass Mimi ihn bei den Klippen von Tricase Porto aus dem Meer zog, so wie ihn die Akrobaten vom Flussufer jedes Mal aus der Aare zogen, rührte der Gleichmut ihres Bruders.

»Die Mimi, die Schwester von Celestino, war mit einem zusammen, der ist so alt wie ihre Tochter.«

»Du bist zu alt für Mimma Orlando, Bruschetta, die will frisches Fleisch …«

Von ununterscheidbaren Stimmen ausgestoßen, hallten widerliche Anklagen durch die Sakristei.

Celestino hörte einen mächtigen dumpfen Aufprall, erkannte aber erleichtert und ungläubig, dass er nicht ihn betraf. Bruschetta sprach nicht mehr, da ließ Celestino, obwohl Don Oronzo gerade einen Responsorialpsalm anstimmte, die Glocken läuten, roter Knopf ohne blauen Knopf. Als einige Gläubige, aufgeschreckt von diesem grundlosen Geläute, in die Sakristei kamen, fanden sie Vito Bruschetta bewusstlos am Boden zwischen Glassplittern, den Kopf voll Blut, das hervorsprudelte wie aus dem Riss einer Wasserader.

Der Kopf zerschlagen, aber Mimis Ehre war gerettet.

In Ariannas Leben gibt es eine Episode, die mit roter Tinte umkringelt werden müsste. Es geschah in Gagliano, einem kleinen Ort, der Lucugnano und Tricase von der Landspitze mit Santa Maria di Leuca und seinen herrschaftlichen Villen trennt. Ein Städtchen wie die anderen, mit seinen niedrigen Häusern, dem winzigen Ortskern, den ockergelben Mauern, den Pflastersteinen und engen Winkeln in den Gassen, der Mischung aus neuen Wohnanlagen und den Häusern, die die heimgekehrten Emigranten sich selbst gebaut hatten.

Es war an einem Spätnachmittag mitten im Sommer. An der Kreuzung des Corso waren die ersten Laternen aus Pappe entzündet, sie sollten an die Lampen der Fischer erinnern, die Lichtpunkte, die das nächtliche Meer mit Flammen besticken.

Das Fest des Emigranten war eine bunte Mischung aus Traditionen, wachgerufenen Erinnerungen und Inszenierungen zur Belebung des Tourismus. Es gab eine Bühne, auf die man einen Heuwagen, eine Mühle aus Pappe und einen großen Stoffkoffer gestellt hatte. Den ganzen Abend lang traten dort Sänger auf, die Volkslieder und ein paar erfolgreiche Popsongs sangen. Der beliebteste war *Che sarà* von den Ricchi e Poveri, eine Melodie, die jeder Emigrant auswendig kannte. Auf dem Höhepunkt, der Strophe »Wer weiß, was aus meinem Leben wird. Ich nehme meine Gitarre mit, und wenn ich nachts weine, spiele ich ein trauriges Lied aus meiner Heimat«, würde das Publikum von den Stühlen aufstehen, um sich die Kehle wundzusingen und sich mit einem rhythmischen Applaus zu betäuben.

Es gab auch einige schwache Programmpunkte: »Wenn die Gedichte der Emigranten vorgelesen werden, kommt es zur Massenflucht, fürchte ich.« So die sarkastische Bemerkung eines der jungen Männer von Terra Madre, des kleinen Vereins, der den ganzen Sommer lang für den Ort Feste, Wettbewerbe, Präsentationen, Konzerte und natürlich auch das unvermeidliche Fest des Emigranten organisierte. Die Mitglieder waren alle sehr jung, es gab keinen unter ihnen, der nicht aus einer der emigrierten Familien stammte.

Arianna ging gerne in den Verein: Die Gruppe Gleichaltriger war voller Unternehmungslust, und in den Zeiten, in denen die Universität in Rom weit weg war, gab es nichts, was anregender gewesen wäre.

Oft ging sie mit Federico hin, doch an jenem Abend arbeitete er in der Bar. Sie hatten sich mit der Hitze eines unbekümmerten, verliebten jungen Paares geküsst, sie hatten tagelang gestritten, bis Arianna irgendwann geschrien hatte: »Verschwinde aus meinem Leben!«

Die Spannungen hatten sich bei langen, klärenden Sitzungen gelegt, nach Süden, zu den ionischen Küsten hingewandt, den Sonnenuntergang im Rücken, und es schien, als hätten die beiden wieder Frieden geschlossen. An jenem Abend war er in Schwarz gekleidet, mit einer Schürze, sie trug einen Damenanzug, graue Hose und eine weiße Bluse, wie eine Hostess sah sie aus, in eine verführerische Strenge gehüllt, das lag an ihren zu einem Pferdeschwanz gebundenen Haaren, die in jenem August die Farbe von Kürbis hatten, und am leichten, sorgfältigen Make-up.

Sie hatte ihr Studium noch nicht abgeschlossen, doch manche nannten sie schon Dottoressa. Vielleicht hatte man ihr darum im Verein die Aufgabe übertragen, mit den Behörden zu verhandeln. Wenn bei der Polizei oder bei einem Stadtrat eine Erlaubnis eingeholt werden musste, landeten die Probleme bei Arianna, die mit ihrem Auftreten als Studierte und zukünftige Ärztin Verwicklungen klären musste, indem sie die Waffen der Diplomatie und guter Umgangsformen einsetzte.

Das Problem von Gagliano hieß: »Baum des Emigranten«, eine Kastanie, die in einem der vielen hinter weißen Mauern versteckten Innenhöfe aufragte. Unter diesem Baum hatte ein Mann, der vor vielen Jahren ausgewandert war, eine Truhe mit seiner gesamten Habe zurückgelassen, die im Notfall zur Unterstützung seiner Familie dienen sollte. Kein Verwandter wusste von der Truhe, weil der Emigrant niemals am Ziel ankam. Es war der 2. August 1980, und sein Zug befand sich am falschesten Ort, den die Geschichte hatte ersinnen können: dem Bahnhof von Bologna, dem Mittelpunkt einer tragischen, von Terroristen ausgelösten Bombenexplosion. Die Truhe wurde erst zehn Jahre später gefunden. Die Geschichte machte die Runde im Ort und wurde zum Symbol der Auswanderungswelle der letzten Generation, jener der Väter, die ihre Familien im Süden zurückließen und mit viel Resignation und Poesie im Herzen aufbrachen.

Seit zwei Jahren verwandelte der Verein Terra Madre die Kastanie in eine Installation aus Lichtern und Fotografien von früheren Emigranten aus dem Salento. Eine Idee, an der Arianna mitgearbeitet hatte und auf die sie sehr stolz war.

Der betreffende Innenhof hatte die Form eines Ovals, und sein Eingang lag an der Hauptstraße. Der Besitzer des Hauses erlaubte den jungen Leuten von Terra Madre jedes Jahr, in seinen Hof zu kommen, um die Kastanie mit den Lichterketten und Fotos zu schmücken.

Doch in jenem Jahr hatte er das Haus an einen Mann vermietet, der sich dem Ritual verweigerte.

»Kein Baum diesmal, Dottoressa, da gibt es einen Signore, der das nicht will«, erklärte der Polizist, ein kleines

Männchen, dessen Uniform mindestens zwei Nummern zu groß war.

»Aber wir haben einen Umzug mit fünfzig Figuren, die auf der Piazza ankommen.«

»Wir können einen der Bäume auf dem Corso beleuchten lassen.«

»Das sind keine Kastanien.«

»Tut mir leid, Dottoressa, er will nichts davon wissen.« Und mit diesen Worten zeigte das Männlein auf das Haus, ein Gebäude mit verputztem Portikus, über dem ein Mann mit verschränkten Armen aufragte.

»Wer ist das?«

»Wir kennen ihn nicht. Einer von hier, aber nicht aus Gagliano, aus irgendeinem Nachbarort. Er bleibt ein paar Wochen, dann kehrt er nach Deutschland zurück. Er kommt von dort, aus Deutschland, Holland, Belgien, egal, jedenfalls einer von uns, der aus dem Norden kommt.«

»Ich rede mit ihm.«

»Zwecklos, der Stadtrat hat auch schon mit ihm geredet. Er hört auf niemanden.« Das Männlein schüttelte den Kopf mit der resignierten Miene desjenigen, der alles versucht hat.

»Aber das ist unser Baum …«, stieß Arianna deprimiert mit gedämpfter Stimme hervor.

Im Hintergrund rief der Mann mit einer unfreundlichen Handbewegung: »Weg da, husch, husch!« Arianna traute ihren Augen nicht, als sie sah, welch eine Unverschämtheit er sich herausnahm. Jetzt kannte sie kein Halten mehr, ging mit klopfendem Herzen auf das Haus zu. Diese Emigranten, die zurückkehrten, um ein paar Tage wie Touristen in ihrer Heimat zu verbringen. Ihre unerträgliche Arroganz gegenüber denen, die geblieben waren. Wie sie ein paar deutsche Worte murmelten, um mit den Teutonen, die hier Ferien machten, simpelste Gespräche anzuknüpfen und allen anderen zu zeigen, wie weltgewandt sie waren. Solche Typen hatte sie zu Dutzenden beobachtet, Männer, die alles erlebt, die gelernt und gelitten und Geld nach Hause geschickt hatten, nur sie. Und jetzt würde einer von ihnen das große Fest ruinieren, das Arianna und ihre Freunde den ganzen Sommer über geplant hatten.

Es gibt im Leben eine Schönheit, die einen Blitzschlag lang andauert. Sie kommt nur ein einziges Mal, in einem unerwarteten Moment. Sie ist eine Harmonie, die sich auf den Augen, in den Vertiefungen des Gesichts oder in einer bestimmten Weise der Bewegung niederlässt. Manchen geschieht es in der Jugend, anderen im Alter, wenn die Haare grau geworden sind.

Arianna hatte immer als »bedda vagnuna«, als ein schönes Mädchen gegolten, des Ruhms der Mimi Orlando würdig. Ihr biegsamer Körper, die langen Beine, die Haut, die im Sommer zu Honig wurde, und riesengroße Augen. Als sie jetzt die Straße überquerte, um dem Mann entgegenzugehen, die Züge zu einer Grimasse verzerrt, war Arianna nicht nur das schöne Mädchen vom Salento, sondern die Verkörperung der Schönheit: Verdruss, die Erwartung, auf Überheblichkeit zu stoßen, und ein kämpferisches Marschieren auf den Mann zu. Schönheit liegt in der Bewegung, sie liegt in dem Raum, den man einnimmt, und in der Art, wie man ihn einnimmt. Arianna durchquerte den Raum mit der kriegerischen Haltung einer zum Angriff marschierenden Soldatin und dem unschuldigen Ausdruck einer Braut auf dem roten Teppich.

Der Mann hatte eine olivenfarbene Haut, er schien sonnengebräunt, trug ein weißes Hemd und ein Halstuch. Er erinnerte Arianna an ein berühmtes Foto von Marcello Mastroianni, das sie vor einigen Jahren in einer Ausstellung gesehen hatte: Der Schauspieler kniete auf einer weißen

Sandfläche, im Hintergrund undeutliche kleine Gestalten, sein Gesichtsausdruck war bekümmert, die graumelierten Haare von der Meeresbrise zerzaust, ein schwarzes Tuch zwang den Hals in eine unnatürliche Position, schließlich der Blick, ein Schatten über anderen Schatten, den Kanten des Gesichts. Aber dann die Hände, ein Misston, es waren nicht die Hände eines Filmstars, sondern eines Bauern. Plump, deformiert, mit kurzen Fingern, eckigen Nägeln. Diese Details überschnitten sich jetzt mit dem, was sie sah. An dem geheimnisvollen Verweigerer beeindruckte sie die große schwielige Hand, die sich zu der herablassenden Geste geöffnet hatte. Die Schatten dieses Gesichts, die Falten, die wie spielerisch für ein Künstlerfoto gekräuselten Haare waren jedoch echt.

»Entschuldigung …«

»Kommen Sie nicht näher, dies ist Privatgrund.«

»Ich komme in friedlicher Absicht«, sagte Arianna ironisch, weil sie sich überlegt hatte, dass sie mit dieser Haltung leichtes Spiel haben würde. Ironie und Freundlichkeit sind zwei Siegerkarten.

»Von wegen friedlich, seit drei Tagen macht ihr hier Lärm.« Und dann: »Nicht mal in meiner Heimat habe ich Frieden.«

»Typisch, das ist es, das Selbstmitleid des Emigranten«, dachte Arianna. Deren unerträgliche Neigung, sich zum Opferlamm zu stilisieren, der übliche Auftakt zu einer kleinen Dosis Lebensweisheit, einer fesselnden Anekdote über die erste, in irgendeinem dunklen Land des Nordens unter freiem Himmel verbrachte Nacht. Oder über die Fahrt in einem nach Kerosin stinkenden Zugabteil. Alle Voraussetzungen für eine rührselige Emigrationsgeschichte waren vorhanden.

Der Dialog zwischen dem Abbild von Mastroianni am Strand und der Verkörperung der Schönheit war konfus, die Tonlagen verzerrten sich. Ariannas Ironie wurde zu Sarkasmus, die Unnachgiebigkeit ihres Gegners verwandelte sich in Ungezogenheit.

Dann fielen zwei Worte, ein Name und ein Nachname, eine Zauberformel.

»Arianna Orlando.«

Und sie wiederholte es, falls er nicht zugehört hatte:

»Ich heiße Arianna Orlando. Obwohl es kein Vergnügen war, Sie kennenzulernen, habe ich wenigstens den Anstand, mich vorzustellen.«

Der Mann war erstarrt, wer die Szene von weitem beobachtete, konnte meinen, ihm sei eine Pistole an die Schläfe gesetzt worden.

»Arianna Orlando. Und wie heißen Sie?«

»Unwichtig.«

»Ihr Name, bitte.«

»Hören Sie, hängt euch auf, wo ihr wollt, aber ihr müsst ein Band zwischen der Haustür und dem Hof spannen. Ich will keinen Ärger. Mit euch und euren Erinnerungen will ich nichts zu tun haben.«

Arianna wandte sich zu der kleinen Schar ihrer Kollegen, den Polizisten und Arbeitern um, sie sah glücklich aus. Sie hatte gewonnen. Er hatte verloren.

Um Mitternacht, als das Fest vorbei war, die Leuchten brannten noch immer, aber der Kastanienbaum lag im Dunkeln, beschloss die Gruppe von Terra Madre, nach Marina Serra zu gehen, auf die Adriaseite. Nachts war die kleine Bucht bezaubernd, der Steilhang des Kliffs zerteilte das Wasser wie der kolossale Kopf eines Meeresungeheuers, in der Nähe lag ein Parkplatz im milchigen Licht, und die Laubengänge trafen alle auf dem kurzen Spaziergang zusammen, der von der Küste bis zu einem Sarazenenturm führte. Viele hatten ihn schon zu bewohnen versucht, aber zu viele Gespenster, zu viele Winde, zu viele Wellen hatten ihn baufällig gemacht, abgeschliffen und sogar verhext.

Federico, dessen Hände von der Arbeit an diesem Abend rot und geschwollen waren, erwartete sie am Kiosk, einem kleinen Imbiss, wo bis spät in die Nacht Pizzelle und Focacce aus dem Ofen kamen. Es war ein weißes Häuschen zwischen den Klippen, Annette und Donatello, die Besitzer, hatten schon die Fliesen gewischt und die Videospiele ausgeschaltet. Also blieben sie auf dem Mäuerchen sitzen, und während Annette Biere hinüberreichte, ermahnte sie die Jungen, nicht über den Fußboden zu laufen, wo er noch nass war. Arianna hatte ihre Haare gelöst und die Bluse geöffnet, die sie den ganzen Abend lang bis zum Hals zugeknöpft gelassen hatte.

In diesem Kiosk hatte sie ihre intensivsten Glücksmomente erlebt, als sie noch ein Kind war und am späten Nachmittag, wenn die Luft schläfrig wurde von den vor Feuchtigkeit zitternden Brisen aus dem Süden, die Straßenhändler aus der Serra herunterkamen, um pastellfarbene Perlen, blassgrüne oder in allen Regenbogenfarben schillernde Haarklemmen, Hornkämme und bunte Plastikarmbänder zu verkaufen. Mimi lenkte den Panda hüpfend über die Schlaglöcher der Küstenstraße, bremste an der Steigung, an der sie parkte, nahm Arianna an die Hand und führte sie vor die Assunta, das Kirchlein, dann folgte der Bummel zwischen den Verkaufsständen und schließlich der Abstieg zum Kiosk, wo der letzte Rest des Abends verbracht wurde. Die schönen Dinge dieser Zeit kehrten als Geschmack im Mund zurück, umgeben von der abendlichen Ruhe des Meeres, sie drängten in die Erinnerung mit der Lebhaftigkeit mythischer Erzählungen: der von einem gelben Licht bedeckte, mit Stimmen erfüllte und von Gerüchen überquellende Kiosk. Das beste Weizenmehl, die Pasteten mit Mozzarella und Schinken, die auf den Tellern platzten, die

Spaghetti mit Miesmuscheln und, einmal nur, aber von einer Eindringlichkeit, die ihn fast zur Legende gemacht hatte, ein ganzer Hummer für einen geheimnisvollen Touristen.

Der Kiosk war Ariannas Glückseligkeit, die Lichter gingen aus, auch für sie kam die Nacht, und eine mit warmen juckenden Teilchen erfüllte Luft senkte sich auf ihre Haare, die Stirn, die Augen, schließlich aufs Herz. Arianna wandte den Blick von den Jungen auf dem Mäuerchen ab und sah Federico mit einem Bier in der Hand, das er aus bloßer Untätigkeit trank, aber dann sah sie wieder Mimi, die ihr Erdnüsse und Haselnüsse kaufte und sie, auf demselben Mäuerchen sitzend, für Arianna schälte, während sie auf die Pizza wartete, die von den Stufen über den Backöfen kam, wo das Holz von Olivenbäumen und Eichen brannte. Und jede Focaccia, Pizza, Pastete, die aus diesen Öfen kam, hatte den Geschmack der Kindheit und des Glücks. Federico bedeckte ihren Hals mit seinem Arm, und als sie ihm in die Augen sah, spürte sie, wie wehrlos er war gegen seine von Unruhe, aber auch von einer übermächtigen Sehnsucht erzeugten inneren Beben. Sie betrachtete ihren Freund, sie war stolz auf den vergangenen Abend, es war alles richtig gelaufen, ohne Peinlichkeiten; Unruhe und Sehnsucht liefen voran wie die Schienen eines Gleises, funkelnd und parallel.

Paolo ließ sich mit seinen Engelsflügelschultern wenige Wochen im Jahr in der Gegend um Otranto nieder. Er hatte sich die Zurückhaltung und das Schweigen bewahrt, die schon in seiner Kindheit charakteristisch für ihn gewesen waren.

Er sprach viel mit Mimi.

Eine Art Bündnis, ein Auserwähltsein entstand zwischen den beiden. Sie hatten gelernt, einander zu vertrauen. Gegenseitigkeit besteht, wenn jeder Geste einheitliche Absichten entsprechen, eine Frage nicht zwingend eine Antwort erfordert, sondern eine bestimmte Weise, sich anzusehen, den Klang der Stimme zu verändern, einen Gesichtsausdruck, ein winziges Detail, das alle Unruhe besänftigt. Gegenseitigkeit entsteht nicht immer zwischen Liebenden, sie kann auch zwischen zwei Unbekannten entstehen, die ein Körnchen dieses geheimnisvollen, ungreifbaren, aber einzigartigen Einverständnisses gefunden haben.

Paolo verbrachte kurze Abschnitte von Nachmittagen mit Mimi, während Federico und Arianna vom Meer zurückkehrten. Fern vom Salento hatte er aufgehört, die Küste zu lieben, vielleicht hatte er sich ihr beim Erwachsenwerden einfach entwöhnt, und so wartete er in Mimis Haus auf die beiden alten Freunde.

»Sie sind in Lecce, Paolo, heute kommen sie nicht mehr zurück.«

»Erinnerst du dich an unsere Kickerspiele?«, fragte Paolo, und Mimi verstand, welchen Weg er eingeschlagen hatte: Er wollte sich gemeinsam mit ihr erinnern.

»Ich weiß noch viele, aber eins schlägt sie alle.«

»Das am Ciolo, am Tag, als die Flüchtlinge ankamen.«

»Ihr wart noch Winzlinge.«

»Hast du Lust, mal wieder hinzugehen?«

»Seit damals bin ich fast nie mehr dort gewesen.«

»Wollen wir?«

»Ich weiß nicht.«

»Komm schon, heute ist Sonntag, wenn wir jetzt hinfahren, ist es ganz leer.«

Paolo und Mimi fanden sich auf dem Viadukt am Ciolo wieder. Keiner von beiden hätte geglaubt, dass dies wirklich passieren konnte.

Sie wanderten über den schmalen Gehweg, er in Jeans und einem viel zu großen Hemd mit hochgekrempelten Ärmeln, er wirkte darin wie geschrumpft. Sie sah mit einem Stirnband, das ihre Haare anhob, einer großen Sonnenbrille und leuchtendrotem Lippenstift wie eine Filmschauspielerin der fünfziger Jahre aus. Es war ein Sonntag im Spätsommer, ein paar unerschrockene Schwimmer hatten sich auf das smaragdgrüne Meer hinausgewagt und stießen vor Zufriedenheit Schreie aus. Viel hatte sich nicht verändert in den vergangenen sieben Jahren, auf den Pfeilern gab es Kritzeleien, sogar ein chinesisches Schriftzeichen, der Himmel war klar, und vom Horizont waren keine Überraschungen zu erwarten.

Von weitem gesehen wirkten sie wegen ihrer bedrückten Mienen wie ein Paar, das einen Ort zum Alleinsein sucht, in Wirklichkeit hielten sie Ausschau nach einer Bar mit einem Tischfußballspiel. Die Bar, die vor ein paar Jahren zwischen den Feigenkakteen und den Pflastersteinen aus Lecce gestanden hatte, war nicht mehr dieselbe. Es gab nur ein Restaurant.

Mimi fragte den Besitzer, einen korpulenten Muskelprotz von einem Meter neunzig und einem T-Shirt mit der

Aufschrift STAFF, ob sie spielen dürften.

»Es gibt fünf Bälle«, antwortete er und zog einen Notizblock aus der Tasche, als müsste er an einem Tisch eine Bestellung aufnehmen.

Mimi drehte sich zu Paolo, ihr Blick war wie dem Rest der Welt entfremdet.

»Hast du fünf Geheimnisse, die du mir erzählen kannst?«

»Was soll denn das bedeuten?«

»Hast du welche oder nicht?«

»Ja, die finde ich, und du?«

»Wir spielen, dann werden wir schon sehen, für jedes Tor, das ich schieße, erzählst du mir ein Geheimnis, für jedes deiner Tore erzähle ich dir eins von meinen.«

»Das Wahrheitsspiel.«

»Ja, aber in einer Form, die uns gefällt.«

Die Stangen war verrostet, und die Spieler vom Zahn der Zeit angefressen, ihre Füße waren nicht mehr rechteckig, sondern rundgeschliffen, das Spielfeld aus Kunststoff war uneben, die Bällchen holperten stockend aus dem hölzernen Kanal hervor.

»Es sind nicht fünf, nur vier«, bemerkte Paolo, während er versuchte, einen weiteren Ball hervorkommen zu lassen, indem er am Spieltisch rüttelte.

»Umso besser, fünf Geheimnisse hätte ich vielleicht nicht gehabt«, entfuhr es Mimi. Ihre Nachgiebigkeit wunderte Paolo. Er holte einen Ball heraus und warf ihn.

Die Stangen ließen sich nicht drehen, Mimi hatte größere Schwierigkeiten, auf ihrer Seite war die Zeit erbarmungsloser gewesen, das Mittelfeld war besonders schwergängig, während Paolo alles leichter fiel.

Der erste Ball landete sofort vor Paolos Mittelfeldspielern, die auf keinerlei Hindernisse stießen, Tor.

»Du schuldest mir dein erstes Geheimnis.«

»So schnell fällt mir nichts ein, ich hatte keine Zeit, drüber nachzudenken.«

»Es war deine Idee.«

»Was für ein Geheimnis möchtest du wissen?«

»Ein Geliebter, für den du dich schämst.«

Mimi staunte, sie stand aufrecht mit verschränkten Armen, rückte sich die Brille auf der Haarwelle zurecht.

»Was ist das für eine Frage?«

»Ich bin nur neugierig, es ist ein Spiel.«

»Es ist brutal, wenn es etwas gibt, an das ich mich nicht erinnern will, wühlst du es wieder auf.«

»So sind die Spielregeln.«

»Es gibt auch Ausnahmen.«

»Wir haben keine vereinbart.«

»Können wir nicht welche vereinbaren?«

»Nein.« Paolos Blick wurde plötzlich inquisitorisch. Es gab darin keine Zuneigung, der Blick hatte das Licht eines schwarzen Diamanten, er offenbarte die dunklen Seiten eines Jungen, der immer sanftmütig, reserviert, vom Leben fast erschreckt erschienen war. In seinem Ausdruck erkannte Mimi, woher diese Neugierde kam, und vor allem, wen Paolo, der Schweizer, meinte. Doch durfte sie ihr Geheimnis mit Ippazio beim ersten Windhauch preisgeben?

»Bist du sicher, dass du es wissen willst?«

»Ja.« Und während er antwortete, wand Paolo sich noch mehr, fast traten ihm die Augen aus den Höhlen, seine zitternden Lippen verzogen sich.

»Meiner Meinung nach hältst du es nicht aus.«

»Ich halte es aus.«

»Also erzähl ich's dir?«

»Ja, bitte.«

»Ich war vierzehn und mit einem dreizehnjährigen Jungen zusammen. Ein Jahr jünger als ich. Eine Schande, mit der ich noch immer fertig werden muss. Wenn ich ihn heute sehe, graumeliertes Haar und zwei Kinder, die zwischen seinen Beinen herumtoben, denke ich an ihn, als er klein war, schwächlich, dem Anschein nach unterernährt, ein Junge, den kein Mädchen wahrnahm, außer mir.«

»Und was soll das heißen?«

»Jeder ein Geheimnis, haben wir gesagt.«

»Aber du hast meine Frage nicht beantwortet. Die Geheimnisse, die wir als Kinder hatten, gelten nicht.«

»Dies ist kein Fragespiel, sondern das Wahrheitsspiel.«

»Du schummelst, Mimi.«

»Du hast mich nach dem Freund gefragt, für den ich mich am meisten schäme.«

»Aber mit vierzehn hat man noch keinen Freund, in den man verliebt ist!«

Mimi begann, sich über Paolo zu amüsieren, sie antwortete ihm nicht, weil eine warme Welle sie überflutete, als sie sich einen Augenblick lang die längst vergangene, vor tausenden Sommern gemachte Erfahrung vergegenwärtigte. Sie, ein junges Mädchen, bezaubert von seiner Drolligkeit, und der Unterernährte immerzu auf einem Fahrrad, die schwarzen Locken im Wind.

Der zweite Ball wurde ein leichtes Tor für Mimi.

»Du bist dran, Signor gebrochenes Herz.«

»Jetzt muss ich auch etwas aus meiner Kindheit fischen, Mimi, um mit deinem Geheimnis mithalten zu können.«

»Ich erinnere mich nicht, dass du eine Jugend als Herzensbrecher gehabt hättest.« Bei diesem Satz fing Paolo an zu lachen, und Mimi, die einen Moment lang befürchtet hatte, sie sei zu heftig gewesen, stimmte sofort ein.

»Also, wer war deine erste kleine Liebe? Denn das haben wir hier im Salento nie erfahren. Paolo hat eine Freundin? Das fragen sich die Leute … noch immer.«

»Giulia, die Tochter der Gevatterin Antonella.«

»Die Gevatterin Antonella hat eine Tochter?«

»Giulia ist so alt wie ich, aber sie ist bei ihrem Vater in der Schweiz geblieben, wusstest du das nicht? In Zürich hatte die Gevatterin eine Liebesgeschichte mit einem Deutschen, Giulia ist eine Salentina mit den Waden einer Teutonin, darum ist sie ja auch Fußballerin. Mit achtzehn haben wir uns verlobt, vor zwei Sommern ist es zu Ende gegangen.«

Mimi war verwirrt, von einer sonderbaren Erregung gepackt, einer Erschütterung, und sie kam aus einem Spalt, den sie verschlossen geglaubt hatte. Mehr wollte sie nicht hören von der Schweiz, von Vätern und Müttern, die von ihren Kindern getrennt worden waren.

»Wirf den nächsten Ball, Jungchen.«

Die Kugel sauste schräg über den Tisch und landete zwischen Mimis Verteidigern, ihr Stoß und der abgestumpfte Angelpunkt gaben dem Ball noch mehr Drall, ein wunderschönes Tor.

»So, Jungchen, jetzt erzählst du mir dein Geheimnis.«

»Ich mochte Arianna. Ich hätte gerne Kopfsprünge machen können wie Federico, aber mir fehlte der Mut ...«, für Paolo war es ein Kummer, in seiner Brust regte sich noch jetzt Bedauern. Mimi stieg ein schwarzer Schatten ins Gesicht, über ihre Stirn fuhr ein Blitz. Jetzt auf keinen Fall aufhören.

»Lass uns weiterspielen.«

Paolo warf den Ball, zwei Züge mit der Stange, mitten zwischen den Stürmern fand er ihn wieder. Ein Schuss, Mimi wehrte ab. Wäre es ein Tor gewesen, hätte die letzte Wahrheit ans Licht kommen müssen: Arianna Orlando und der auf Blauasbest spezialisierte Arbeiter im alten industriellen Zürich, Ippazio, genannt Pati. Das wussten beide, Mimi und Paolo. Sie wussten es so genau, dass es vielleicht sogar nicht mehr nötig war, dieses sinnlose Spiel fortzusetzen, einen Vorwand zu suchen, um sich Geheimnisse anzuvertrauen. Unterdessen rollte der Ball auf dem Feld von einer Seite zur anderen.

Tor.

Die Kugel war auf Mimis Torwart zugeschossen, sie hatte versucht, ihn zur Seite zu manövrieren, um dann von der Bande aus zu spielen, doch der Ball klemmte zwischen dem Fuß der Spielfigur und dem Boden fest. Das Manöver, mit dem sie ihn loszubekommen versuchte, war so heftig, dass es das ohnehin schon vom Alter und der Feuchtigkeit unebene Spielfeld verbog, der Ball sauste davon. Ein tadelloser, scharfer Schuss, unmöglich, ihm Einhalt zu gebieten. Von einem Tor zum anderen. Treffer. Den hatte Mimi mit ihrem Torwart geschossen.

Ihr Geheimnis war gerettet.

Eines Tages schenkte der junge Arbeiter Mimi ein paar Platten.

Es waren alte LPs, für die der Mann viel bezahlt hatte, und ebenso viel Mühe hatte es ihn gekostet, sie zu finden. Er war nur darum nach Lecce gefahren. Sie glaubte, er klettere auf eine Baustelle an der Piazza vor der Präfektur. Stattdessen gab es dort einen Laden mit gebrauchten Platten. Sie war gerührt, weil sie spürte, dass er etwas getan hatte, was ganz und gar nicht zu ihm passte. Rührung, mehr nicht. Aber das sollte sie erst kurze Zeit später klarer erkennen.

Den Grund für das Geschenk fischte sie aus ihrem Gedächtnis: Sie selbst hatte ihm von ihren Sonntagnachmittagen an der Limmat erzählt, der kleinen Musikkapelle, der Jukebox mit den Hits der italienischen Popmusik.

Umschlungen wie junge Leute saßen sie auf dem Sofa, Mimi nistete sich in den langen Armen des Jungen ein und beide betrachteten die auf dem Tisch verstreuten Vinylscheiben, fremdartige, faszinierende Gegenstände aus einer fernen Zeit. Hast du je eine LP auf den Teller eines Plattenspielers gelegt? Hast du je das Geräusch der Nadel in den Rillen einer 45er-Single gehört, hast du je das Knistern vernommen, das den Klängen wie eine Störung vorausgeht?

Mindestens eine Stunde verstrich, in der sie vor dem Geschenk saßen. Hände wurden gedrückt, Knie gekreuzt, Arme streckten sich über dem Rücken aus, auf dem Nacken öffneten sich Finger, streichelten die Haut … langsam gelangten sie an die Stellen des Körpers, wo man das Pulsieren des Blutes spürt, die Region geheimer Details, das Knäuel der Wahrheit, das Domenica Orlando nach und nach entwirren sollte, jedoch eher mit der Sparsamkeit eines schleichenden Gifts als mit ungestümer Lust.

Sie betrachteten die Vinylplatten und wussten nicht, was sie damit anfangen sollten, der junge Arbeiter hatte noch nie im Leben welche gesehen, bevor er sie kaufte, um sie seiner Liebsten zum Geschenk zu machen. Mimi hatte noch nie eine auf den Plattenteller gelegt.

»Man braucht dafür einen Plattenspieler. Ich habe keinen.« Und nach ein paar Sekunden Stille sagte sie: »Nimm ein Buch von dem Stapel da.«

Der junge Mann gehorchte. Er ging zu einem Regal, wo die Bücher in der Horizontalen lagen.

Darunter war eine Anthologie mit Liebesgedichten. Ein aufs Geratewohl gekauftes Buch, Mimi schlug es auf und fand einen wunderbaren Vers: »Ich werde mir die Pulsadern aufschneiden / und Blumen werden aus meinem Blut sprießen …«

»Liest du es mir vor?«

Sie beugte den Kopf über das Buch und las das Gedicht; es war ein trauriges, aber kraftvolles Gedicht von einem Mann, der sich die Adern aufschneidet, um Blumen aus seinem Blut sprießen zu lassen und zu verschenken, der sich die Augen ausreißt, um die Farbe seiner Pupillen zu verschenken.

»Ein Mann, der liebte.«

Das Gedicht richtete sich an eine Frau, es war, als empfände der Mann ein unbezwingliches Bedürfnis, seiner Geliebten etwas absolut Einzigartiges zu schenken.

»Die eigenen Farben hinzugeben … was für ein schönes Bild. Würdest du nur aus Liebe, nur für mich, für den Rest deiner Tage in einer Welt leben wollen, die du in Schwarzweiß siehst wie einen alten Film?«, fragte Mimi mit einem kecken, listigen Lächeln.

»Für immer in Schwarzweiß?«

»Der Dichter verzichtet für seine Geliebte auf die Farben der Welt. Würdest du für deine Mimi auf die Farben verzichten?«

»Ja, und du verzichtest auf …«

»Aus Liebe verzichte ich auf ein Stückchen von mir.« Doch kaum hatte sie es gesagt, wusste sie, dass sie gelogen hatte.

Sie blickte wieder zu den toten Vinylscheiben auf dem Tisch hinüber, jetzt wirkten sie matt, bedeckt von dem Staub, der immer auf ihnen gelegen hatte und den man zunächst nicht bemerkte.

Unterdessen hatte der Asbest auch den Vope besiegt.

Arianna lernte während ihrer Otranter Sommer in der Region des Todes den Sinn für das Leben.

»Du bist erwachsen, jetzt musst du allein eine *parmasia* machen.« Mimi lehrte sie, einen Totenkorb zusammenzustellen, denn auch für andere, die mit dem Ternitti gearbeitet hatten, nahte der Zeitpunkt.

Arianna hatte immer an eine parallele Lebensbahn geglaubt, die sie nicht mit ihrer Mutter verband. An dem Tag, an dem Mimi sie aufgefordert hatte, einen Totenkorb zu machen, begriff sie, dass die beiden Bahnen sich vereinigt hatten.

»Ich habe Schallplatten geschenkt bekommen.«

»Mama, die sind aus Vinyl, wer weiß, was die kosten!«, rief Arianna mit gellender Stimme.

»Einen ganzen Nachmittag lang habe ich sie angestarrt, ohne zu wissen, was ich damit machen soll.« Der junge Arbeiter und sie hatten sich umarmt und geliebt, sie hatten Gedichte gelesen, an die Blumen gedacht, die aus ihrem Blut sprießen würden, und dabei waren die Vinylscheiben immer glanzloser geworden. Dann hatte sie eine Erleuchtung. Bei der nächsten *parmasia* würde sie eine der Platten in den Korb tun, damit die Toten von einer irdischen Musik begleitet würden.

Es gibt eine Abfolge von Gesten, die sinnlos erscheinen mögen und manchmal in einem rituellen Kontext gut aufgehoben sind. In diesem Moment fanden Arianna und Mimi wieder zueinander. Um den ersten Totenkorb herum, der ganz allein Arianna gehörte.

Der Vope war mit einem schweren Husten in Federicos Armen gestorben.

»Haltet euch alle fern von uns«, hatte der Sohn den Rest der Familie angefleht. Wenn man den sich verschlechternden Zustand und den Todeskampf eines geliebten Menschen von einem winzigen Schritt zum nächsten verfolgt, dehnt die Zeit sich aus, sie wird langsamer, die Einzelheiten werden größer und verändern die Dynamik der familiären Abläufe. Federico spürte, dass es besser war, allein zu sein. In den letzten Monaten hatte er gelitten und sich mit der Wohltat seiner Familie getröstet, nachts hatte er im Wechsel mit einer Krankenschwester und der Mutter gewacht, er hatte sich um die Körperhygiene seines kranken Vaters gekümmert, ihm den Bart mit Schaum rasiert. Auch das hatte er für ihn gelernt. »Denn ich will meinen Vater nicht erst waschen und ankleiden, wenn er tot ist.«

Arianna war an seiner Seite gewesen, und als Federico bat, ihn mit dem Vater allein zu lassen, hatte sie gehorcht. Manchmal wusste sie nicht, was richtiger gewesen wäre, bei ihm zu bleiben oder ihn in Ruhe zu lassen. Auch als Federico den Vater mit einer einfachen Klinge rasierte, weil der Vope es so wollte, und mit Schaum, der sich wie Zuckerwatte auf der Rasierklinge aufhäufte, war Arianna dabei gewesen. Sie hatte dem Vope eine Leinenserviette um den Hals gebunden, die sie auf Geheiß von Domenica Orlando aus einer alten Aussteuer genommen hatte. Arianna lächelte, als Federico die ausgehöhlten Wangen des Vope einseifte, der immer mühsamer atmete, wobei er die Brust hob und zur Seite sank, als wollte er sich zusammenkauern. Die Lungen brannten, doch auch in Arianna schmerzte trotz ihres Lächelns das Bild eines Menschen. Und das war ihr Vater. Obwohl sie seinen Namen nicht kannte, war sie überzeugt, dass sie in der Lage gewesen wäre, ihn auf die elysischen Gefilde zu geleiten, mit ebenso großer Hingabe wie Federico, wie eine der Frauen von Cecilia Mangini.

Arianna erinnerte sich noch sehr gut an einen Dokumentarfilm von Cecilia Mangini, der Regisseurin, die in den sechziger Jahren die Klagelieder der Trauernden von Stendalì aufgenommen hatte. Die Trauernden waren eine Gruppe junger und alter Frauen, Gesichter, von jahrtausendealten Falten gezeichnet, die einen Jungen zu seiner Grabstätte begleiteten. Auch in dem Film war es ein Tod durch Arbeit. Der wunderschöne Jüngling mit schwarzen Locken, kaum zwanzig, die Hände gefaltet, den Kopf auf einem weißen Kissen, wurde in seinem Holzsarg von Frauen umringt, die ihn beweinten. Jede riss sich Haarbüschel aus. Ein Unterfangen, das mit Sorgfalt ausgeführt werden muss: ein Büschel ergreifen und um die Faust wickeln, damit ein kleiner Zopf entsteht. So einen hatte Arianna in der Zeit ihrer gefärbten Haare gehabt. Denselben kleinen Haarknoten zu sehen und ihn dann auszureißen, hatte sie verstört, aber es hatte ihr auch einen Zug ihres Wesens offenbart, den zu erforschen sie sich seit Jahren nicht mehr erlaubt hatte.

Durch Federicos Entschluss, allein am Bett seines sterbenden Vaters zu wachen, hatte sich eine alte Wunde geöffnet, aber er hatte Arianna auch vor eine Entscheidung gestellt. Sie würde handeln. Sie würde ihren ersten Totenkorb füllen, als wäre er für den eigenen Vater bestimmt.

Sie legte ihr ganzes Herz hinein. Als Erstes Bitterschokolade, dann eine Flasche Negroamaro, der schon im Namen die Wurzeln des Nekromanten trug, des Schattens, der die toten Seelen begleitet. Dann tat sie gepökelten Fisch hinzu, eine Meeräsche, sie erinnerte sich, dass diese kleinen Fische in den Tagen der Kopfsprünge mit Federico dicht unter ihrem Bauch vorübergeschwommen waren und beide versucht hatten, sie mit den Händen zu fangen, immer vergeblich, wurde ihr doch schon schwindelig, wenn sie die Schuppen streifte. Dann suchte sie weiße, reich mit Spitze besetzte Taschentücher aus, die nur zum Tränentrocknen taugten, bunte Krawatten, zwei, eine blau mit sichtbaren Nähten, die andere rot mit winzigen Rechtecken, zwei Kompositionen, die Mimi in der Fabrik gewebt hatte. Sie legte auch glasiertes Brot hinein, die dekorativen Brötchen, die die Bäcker zu Weihnachten backen, einen gestrickten Wollzopf, um sich warm zuzudecken, und zum Schluss suchte sie zwischen den Platten, die auf dem Tisch ihrer Mutter Staub und bestürzte Blicke anzogen. Sie fand eine, vielleicht die einzige, die sie kannte, die Single *My Way* von Frank Sinatra, die auf ihre Weise perfekt geeignet war, die Seele des Vope auf die andere Seite des Lebens zu begleiten.

Doch jetzt haltet inne, bevor ihr den Totenkorb für den Vope schmückt, es fehlt etwas. Es fehlt das Geschenk des Himmels, es fehlt Biagino, der zerstörte Mensch, der freundliche Mensch, der verhinderte Jesus der Via Crucis.

Nur ein zerstörter Mensch wird durch den Alkohol nicht gewalttätig. Nur die Zerstörten fügen sich nicht in die undurchschaubaren Endungen der menschlichen Angelegenheiten, nehmen keine Rücksicht auf Konventionen, brechen die Widerstände dessen, was erscheint.

Er rannte, Biagino rannte quer durch die Stadt mit einem Speichelfaden, der von den verschlossenen Lippen floh, es war ein quälender, verrückter Wettlauf, um das in Vopes Korb zu legen, was ihm von ihrer weit zurückliegenden Freundschaft geblieben war.

Umringt vom lärmenden Aufmarsch seiner Freunde, der Bestie, dem Rüpel, dem Pilz, Catone, mit gelben und roten Tüchern behängt, und der ganzen Horde, die sich bildete, sobald Biagino die Nase aus dem Haus steckte, kam er bei Vopes Haus an.

Im Haus, das zum Zeichen eines Todesfalls mit den grauen Wappen der Leichenfeier geschmückt war, stand ein gutes Dutzend enger Verwandter stumm um den Tisch herum. Sie aßen im Stehen und hielten die Köpfe gesenkt, keiner sah dem anderen in die Augen, die Ohren waren zur Tür hin gespitzt, in Erwartung der Besuche. In die Stille, die nur unterbrochen wurde, wenn das Geschirr klapperte und Kehlen sich räusperten, um nicht zu weinen, drang ein Lärm, der von draußen kam.

Federicos Mutter löste sich aus dem Reigen der Teilnehmer am Totenschmaus.

Entsetzt betrachtete sie Biaginos Heer, an der Spitze seiner persönlichen Eskorte stand das Ex-Kind aus dem gläsernen Haus mit einem Schal im Gesicht, hinter sich den Rauch von Knallkörpern und den Dunst der Morgenröte.

»Was bringst du in dieser Tüte, Biaggì?«

»Ich muss dem Vope was zurückgeben.«

»Biaggì, hast du getrunken?«

»Getrunken bin ich immer, Gevatterin, aber ich muss das hier in Ariannas Totenkorb tun. Meine Schwester hat's vergessen.«

Die Dringlichkeit, die sich in Biaginos Augen eingezeichnet hatte, war umgeben von einer Erinnerung an Wahrheit und Wunder, getreu der Vermutung, der Vope sei noch am Leben.

Im Totenkorb landete dann eine kleine Flasche Bier, ein *soldatino*, der kleine Schilderhauswächter über ihr Geheimnis, als der Vope ihn den ersten Schluck von einem Getränk hatte probieren lassen, das erst weiß wie Milch und dann gelb wie Gold war.

Der tote Freund würde ihm dafür seinen Dank erweisen, und Celestino würde nicht mit der Wimper zucken. Denn in manchen Dörfern weit weg von den Großstädten sind es häufig die Toten, die sprechen, und die Lebenden, die schweigen.

Mimi nähte flink zwei, drei, vier, fünf Stoffbänder. Sie legte sie dem jungen Mädchen zur Prüfung vor, einem weißen Gespenst mit roten Haaren und himmelblauen Augen, die wie kleine Perlen in einer Glaskugel schwammen, damit das Mädchen feststellte, dass alle Stiche straffgezogen waren.

»Ein Baumwollfaden darf nicht schlaff sein.«

»Und die Nähte bleiben sichtbar?«, fragte die junge Schülerin.

»Sieh her.« Mimi zog eine Stange aus einem Bündel Eisendrähte.

»Ist das eine Häkelnadel?«

»Es sind die Stangen von Schirmen, mit so einer Stange wenden wir die Nähte um; siehst du, das Band hat nur einen Schlitz, dann ziehen wir es unter der Schlaufe der Schleife hindurch. Und fertig ist unsere Fliege.«

An Winternachmittagen setzte Mimi bis zu siebzig, achtzig Fliegen zusammen. Jeden Monat gab es ein Mädchen, das sie anlernen musste, und oft war eine darunter, der sie von ihren Erfahrungen als minderjährige Mutter erzählte. Das Warten, die Wehen, das Stillen. Obwohl es andere Frauen, andere Mütter in der Fabrik gab, vertrauten sich alle, die schwanger waren, dem ewigen jungen Mädchen an.

Für das ewige junge Mädchen hegte das Völkchen der Krawattenfabrik widerstreitende Gefühle, Anerkennung und Abneigung, es gab die Partei der Freundinnen, die sie bewunderten, und die Partei der unglücklichen Ehefrauen, die an ihr einen Mut bemerkten, den sie nicht hatten. Mimi aber eroberte sie eine nach der anderen, ohne heimliche Kniffe.

Fünf Minuten, bevor die Glocke zum Arbeitsbeginn schellte, versammelten sich die Frauen in der Fabrikhalle. Zwischen den abgeblätterten blauen Wänden, vor den hintereinander aufgereihten Nähmaschinen auf den Pulten, aber auch in der mit Wachsamkeit erfüllten Luft herrschte eine Atmosphäre wie in der Schule, als müsste jeden Moment ein Lehrer mit strenger Miene auftauchen und einen Vermerk ins Klassenbuch schreiben.

Domenica Orlando war eine der ältesten Frauen in der Fabrik, Abteilungsleiterin, doch ihrerseits unter anderen Abteilungsleitern stehend, alles Männern. Die Fabrik lag ein paar hundert Meter von der Straße entfernt, die ans Meer führte: Mit dem Fahrrad waren es wenige Minuten, wenn man lief, konnte man es in derselben Zeit schaffen und gelangte an eine Spitze der Steilküste hoch über dem Meer.

Es war an einem Sommermorgen im September, der Himmel war klar, die laue Wärme des beginnenden Tages ließ einen glühend heißen Mittag erahnen.

»Heute ist arbeiten verboten«, dachte Mimi. Sie war sich dessen so sicher, dass sie Anna und Teresa eine Wette vorschlug. Spätestens um zwölf Uhr mittags würden sie am Meer sein. Anna und Teresa wechselten einen raschen Blick des Einverständnisses und nahmen Mimis Behauptung als einen ihrer üblichen verrückten Einfälle.

Doch als wenige Minuten später die kreischende Sirene des Feuermelders durch die Flure drang, wussten Teresa und Anna, dass Mimi dahintersteckte.

Kein Feuer, nur zwei verkohlte Stofffetzen zwischen den Stoffmustern. Die Mädchen waren nach draußen gelaufen, es gab einen halben freien Tag für alle, und man wusste, dass Mimi ihre Hand im Spiel hatte, aber niemand würde sie verraten.

Der Zug der Frauen eilte mit raschen Schritten Richtung Küste, er glich einem farbenfrohen Strom, unter ihren

Schreien zersplitterte die Stille des Spätsommermorgens. Mimi war in der leeren Fabrik geblieben, in der Halle standen die mit Stoffrollen beladenen Tische, sie sahen aus wie Teile eines verzauberten, komplizierten Räderwerks. Mimi liebte diesen Ort, wenn er verlassen war. Sie hätte nach Hause gehen können, um in Ruhe den Koffer für Arianna zu packen, die nach Rom zurückfahren würde, doch sie blieb lieber noch ein bisschen hier, während ihre Kolleginnen in der Adria schwammen. Jemand inspizierte die leeren Hallen, also kroch sie auf allen Vieren unter einen Tisch, kauerte sich zusammen, machte kein Geräusch, dämpfte ihren Atem und schloss die Augen halb, um noch eine Weile allein zu bleiben und sich den ganzen Frieden zu nehmen.

»Und was ist das?«

»Ich sehe nichts.«

»Das ist Käse, ein Scamorza.«

»Bist du sicher?«

»Was soll ein Scamorza in meinem Rollkoffer?«

»Ich weiß es nicht.«

»Hast du ihn da reingetan, Mama?«

»Nein.«

»Wer dann?«

»Er wird dir nicht schlecht bekommen.«

»Ja, aber sag es mir vorher. Beim letzten Mal hast du ihn in einer Tasche versteckt. Ich habe ihn erst eine Woche später entdeckt.«

»Aber er ist luftdicht verpackt, macht nichts schmutzig und verdirbt nicht.«

»Mama, den hier könnt ihr selber essen, du und der Onkel. Ich will ihn nicht.«

»Nimm dir doch wenigstens ein bisschen Obst mit.«

»Äpfel gibt es auch in Rom, weißt du?«

»Die schmecken nach nichts, die Äpfel in Rom.«

Bahnhof von Lecce, Federico konnte auch dieses Mal nicht kommen, auf dem Bahnsteig schiebt der junge Arbeiter den Wagen mit Ariannas Koffern. Mimi hält eine Zweiliterflasche Wasser in der Hand und versucht, ihre Tochter zu überreden, die Flasche mit in den Zug zu nehmen.

Der junge Mann beobachtet das Duett aus einigen Metern Abstand, er ist diskret.

Er hört nicht, was sie sagen, aber es ist leicht zu verstehen, worum es geht, Mimi hält die Flasche hin, Arianna schüttelt den Kopf. So ohne Ton sind sie komisch, sie wissen beide genau, dass sie eine Rolle spielen. Keine von beiden ist überzeugt von dem, was sie tut.

Dann steigt Arianna in den Zug, der zwischen den Bahnsteigen davonkriecht. Arm in Arm sehen der junge Mann und Mimi zu, wie er entschwindet.

2003

Die Zitronatbäume

Arianna hatte erst im letzten Zug einen Platz bekommen. Sie würde weit nach Mitternacht in der stillen Stadt ankommen.

Mimi hatte diese plötzliche Rückkehr mit keinem besonderen Grund verbunden.

Arianna kam nie an Wochenenden, erst recht nicht an einem nutzlosen Samstag Ende November. Der Bahnhof von Lecce war in einen weißen Dunst gehüllt, der an den Rauch brennender Stoppelfelder erinnerte, der einfahrende Zug zog eine dunkle imaginäre Linie durch den Dunstschleier.

Als Mimi sie vom Trittbrett steigen sah, wurde ihr sofort klar, dass etwas passiert war. Ihre Tochter hatte den Koffer vom Zug heruntergezerrt. Sie schien am Ende ihrer Kräfte, als hätte sie den Koffer tagelang auf dem Rücken getragen, ein Schneckenhaus.

Arianna war blass, die nachgewachsenen Haare waren zu einem Pferdeschwanz gebunden. Sie sah mager aus, dunkle Ringe unter den Augen, sie hatte viel geweint.

Mimi wusste um den besonderen Zeitpunkt für Fragen, es gibt immer einen richtigen Moment, um Fragen zu stellen, und noch war er nicht gekommen. Sie würde sich nicht von ihrer Sorge überwältigen lassen, sondern mit allen Fragen warten, bis der Moment gekommen war. Sie nahm den Rollkoffer an sich, als wäre Arianna ein kleines Mädchen, umarmte sie anders, mit größerer Heftigkeit, presste ihr die Schultern zusammen, strich ihr mit der Hand über den Rücken, eilfertig und großzügig, wie jemand, der einen frierenden Körper wärmen muss. Normalerweise wehrte Arianna jede Art Gefühlsausbruch ab, doch angesichts der Entschiedenheit und des glühenden Atems ihrer Mutter ergab sie sich.

Auf dem Platz vor dem Bahnhof stand der Panda in einer gewagten Position genau in der Mitte der freien Fläche, er wirkte wie fluchtartig verlassen.

Arianna fragte Mimi nach dem Grund für eine so merkwürdige Parkposition.

»Dein Onkel sitzt im Auto«, antwortete Mimi. Doch als sie ankamen, war niemand darin.

Arianna sah ihre Mutter vorwurfsvoll an und fragte, warum sie ihn mitgenommen habe.

»Besser, er ist bei mir als bei seinen Freunden.«

»Dieser Schwachkopf hat sogar das Auto offengelassen.«

»Dein Onkel hat den Kopf in den Wolken, ich habe einen Ersatzschlüssel.«

»Mama, der Onkel ist ein Idiot, ich mache mir Sorgen.«

»Dein Onkel hat eine gute Seele, Gott möge ihn beschützen, ich bin froh, dass es ihn gibt. Er hilft mir, er hört mir zu, und er ist immer da. Er wird zurückkommen. Und wenn nicht, finden wir ihn. Bisher haben wir ihn noch immer gefunden.«

»Wenn er sich betrinkt und hier in Lecce zusammenbricht, kennt ihn keiner.«

»Mach dir keine Sorgen, wir finden ihn gleich«, versuchte sie Arianna und sich zu beruhigen.

Sie stiegen ins Auto und begannen, ziellos in der von einem weißen Licht erfüllten Stadt umherzufahren. Die Allee war leer, Arianna hatte den Kopf aus dem Fenster gestreckt, um jeden Menschen auf den Bürgersteigen genau zu mustern, einen Transvestiten mit einer blonden Perücke, abgenutzt und künstlich wie Stroh, so dass sie ihm ein lächerliches Aussehen verlieh, eine Gruppe Studenten, die singend um eine Straßenlaterne standen.

»Bevor wir den Onkel auflesen: Sagst du mir, warum du gekommen bist?« Mimi fragte so behutsam, wie sie konnte. Sie ließ ihre Stimme sehr sanft klingen, so sprach sie auch, nachdem sie mit jemandem geschlafen hatte, eine zitternde, gerührte Stimme, doch die Worte sorgfältig betont.

Eine Antwort erhielt sie nicht.

Sie hörte ein Schniefen, und als sie sich rasch umwandte, sah sie eine Träne über die Wange ihrer Tochter laufen. Eine Quecksilberperle, die schneller wurde und im Kragen der Bluse verschwand.

»Macht nichts, wenn du heute nicht reden willst, du kannst auch morgen mit mir drüber reden, auch in zehn Jahren. Ich bin immer da.«

»In zehn Jahren vielleicht.«

»Ich warte auf dich.«

»Ich habe auch siebenundzwanzig Jahre gewartet, um etwas über dich zu erfahren.«

Mimi fuhr langsamer, bis sie fast stillstand. Das war mitten auf einer Kreuzung, aber kein Auto fuhr vorbei, sie musste so tief Luft holen, wie sie nur konnte, sie fing an, mit der Brust zu atmen, dann mit dem Bauch. Vor ihr öffnete sich die Altstadt wie ein Schrein in einem leuchtenden Gelb, im Schimmer der künstlichen Lichter färbten sich die Mauern der alten Häuser mondsilbrig, dann entdeckten sie unter der Porta Napoli vor einem Kiosk, wo Bier verkauft wurde, Biagio, der einen Pakistaner umarmte, der Mann hatte ihm gerade eine kleine Flasche Dreher geschenkt.

»Arianna, es gibt nichts, was du nicht schon wüsstest.«

»Mir fehlen die Begleitumstände.«

»Von denen erzähle ich dir morgen. Aber sag du mir, warum du hier bist.«

»Halte mich nicht für verrückt, wenn ich's dir sage.«

»Das bist du nicht.«

»Weil ich nämlich heute Nacht bei dir schlafen will.«

»Bei mir?«

»Umarmt, du hältst mich ganz fest, ich liege zusammengekrümmt, und du drückst mich von hinten, fest, du darfst mich nicht weggehen lassen.«

»Ich lasse dich nicht weggehen.«

»Dann fahre ich wieder, morgen Abend reise ich wieder ab, aber es ist, als würde ich nie mehr abreisen. Du darfst Federico nichts davon sagen, dass ich hier bin, auch deinen Freundinnen nicht, Paolo, der Großmutter, deinem Verlobten nicht. Heute Nacht musst du mich zermalmen, ich bitte dich.«

So hatte Mimi ihre Tochter noch nie sprechen hören.

Es herrschte ein langes Schweigen zwischen den beiden Frauen bis nach Lucugnano, ihrem Heim.

Nicht für Biagino, der die ganze Fahrt über plapperte, er habe alle möglichen Leute getroffen, sie seien zwischen den bossierten Hausmauern mit ihm spazierengegangen, und er habe einen Liter Schaum getrunken, und »Lecce, das ist Stadt«, und »die wissen ja gar nicht, was Bier ist«, sie vertragen keinen Alkohol, Weicheier seien das, »Weiber« ohne Mumm in den Knochen, »die trink ich doch alle unter den Tisch«.

Mimi und Arianna beobachteten stumm den Mittelstreifen der Straße, sie schienen sehr auf die Strecke konzentriert, verpassten jedoch zweimal die richtige Abzweigung. In der winterlichen Stille kamen sie zu Hause an, die Luft roch nach verbranntem Holz, und sie blieben vor dem Kamin stehen, es war nur Asche darin und eine kleine Ader aus Glut.

Mimi schob mit der Schaufel die Kohlestückchen zusammen, die noch Feuer zu fangen schienen, dann ging sie in ihr Zimmer und ließ die Kleider von sich abgleiten, als wäre sie eine Schaufensterpuppe. Sie stand kerzengerade, hob die Füße auf die Zehenspitzen und schüttelte sich, damit das Kleid an ihr herabfiel, der Stoff sie streichelte und die Haut kratzte, die sich in der Kälte zusammengezogen hatte.

Arianna kam mit heißen Wärmflaschen herein.

»Die lagen in meinem Bett, danke Mama, aber vielleicht gehören sie eher in dein Bett.«

»Unser Bett, heute Nacht.«

»Stimmt.«

Die Wärme des Flaschengummis teilte sich den Laken mit, aber den eiskalten Kern der Matratzen vermochte sie nicht zu erreichen. An Stoff und Gummi reibend, trafen Mimis und Ariannas Körper aufeinander, Arianna krümmte sich zusammen, und dieselbe Bewegung machte die Mutter hinter ihrem Rücken, einen Arm schob sie unter den Nacken ihrer Tochter, den anderen legte sie auf ihren Bauch.

Arianna zuckte zusammen.

»Federico hält mir nie den Bauch.«

»Nicht alle Männer wissen, wie man eine Frau umarmt. Doch wenn sie lieben, lernen sie es nach und nach.«

»Können deine Männer dich umarmen?«

»Sie verlernen es alle wieder. Bei den ersten Malen hilft dir die Ehrlichkeit, dann verändern sie sich, erinnerst du dich an den Anwalt? Er hat sofort damit aufgehört, und wenn er es tat, war es gekünstelt, gespielt. Ich spürte in seinen Händen kein Feuer mehr. Das ist einer von Millionen Gründen, warum unsere Geschichte zu Ende gegangen ist. Und vielleicht hört es auch mit dem Jungchen auf …«

Arianna bemerkte, dass ihre Mutter keinem ihrer Liebhaber einen Namen gab.

Mimi spreizte die Finger und verbreitete eine starke Wärme auf Ariannas Bauch.

»Ja, halt mich so fest«, sagte die Tochter.

Geheimnisse haben ihre Zeit. Genauso wie die Fragen.

Sie reifen und fallen erst, wenn sie ausgereift sind, kurz bevor sie zu faulen beginnen, wie die Zedratzitronen im Garten.

Die Zeit der Wahrheit war gekommen, und den geeigneten Zeitpunkt hatte der Zufall vorgegeben, die eben zu Ende gegangene Nacht, die die Herzen von Mimi und Arianna zusammengeschweißt hatte.

Mimi hatte mehrere Stunden lang keinen Schlaf gefunden, aber sie hatte über Arianna gewacht.

In den letzten Jahren hatten sie nur sporadisch Kontakt zueinander gehabt. So war in Mimis Vorstellung das Bild eines Mädchens entstanden, das ganz anders war als die Arianna, die sie in ihren Armen tief schlafen spürte. In den seit Ariannas Ankunft in Lecce gemeinsam verbrachten Stunden kam die Seele ihrer Tochter zum Vorschein. Im Schlaf und im schwereren Atem, im gelegentlichen Erschauern, das von einem Traum oder vielleicht nur von unwillkürlichen Zuckungen der Muskeln und Nerven herrührte, offenbarte sich die Mischung aus Kindheit und Instinktivität. Arianna schlief und träumte, Mimi wachte.

Wenn Arianna ein wenig zitterte, drückte Mimi sie fest an ihre Brust und rieb den Busen an ihrem Rücken, dann streichelte sie ihren Bauch bis hinunter zu den Oberschenkeln.

Sie ahnte, dass sie zu den falschen Zeiten eine aufmerksame Mutter gewesen war. Arianna war in ihr Leben getreten, großgezogen hatte sie das Kind in einem kleinen Vorort eines kleinen Städtchens aus bernsteingelben Steinen, umgeben von Hügeln voller Olivenbäume, einer Gegend, die aussah wie Palästina.

Mimi rief sich die Tischfußballpartien in Erinnerung, den Geschmack des Breis, den sie zubereitete und probierte, als Arianna ein rosa Püppchen war. Sie holte sich Federico und Paolo ins Gedächtnis zurück, sie hatte die beiden Kinder aufwachsen sehen, sie hatten um Arianna gewetteifert, und das Schicksal hatte seinen Schabernack mit ihrer kleinen Vierergruppe getrieben. Doch Mimi ahnte auch, dass die Zeit gekommen war, sich davon zu befreien. Jede Minute, die in jener Nacht durchlebt wurde, eine an die andere geheftet, führte die beiden näher an ihre Wahrheiten des nächsten Tages heran.

Mimi schlief nur wenige Minuten, kaum schloss sie die Lider, begann sie zu träumen, doch bald darauf drang die Morgenröte mit einem Lichtfaden ins Haus. Ein neues Leben würde beginnen.

Die erste Wahrheit hatte einen Namen und einen Nachnamen.

Er hieß Berto Brancaccio, doch alle nannten ihn einfach Accio. Er war aus Chiasso nach Zürich gekommen, weil viele Italiener es noch immer vorzogen, sich in der ärztlichen Praxis dieses Herrn behandeln zu lassen, der in Sizilien geboren war und Mitte der siebziger Jahre sein Glück im Tessin gemacht hatte. Als man ihn in den italienischen Vierteln von Zürich ankommen sah, vollführten die Frauen eine bedeutungsvolle Geste: Sie schlugen sich auf die Hinterbacke, eine grobe Geste, etwas für rohe Kerle, aber das war ihre Weise, einander zu verstehen zu geben, dass die Zeit gekommen war, in den Beutel zu greifen und Geld zu sammeln, ohne sich von den Männern dabei erwischen zu lassen.

»Weißt du warum?«, fragte Mimi. Und sie antwortete sich selbst: »Er war sehr habgierig.«

Die beiden Frauen waren seit einer Stunde wach, sie hatten Milch aufs Feuer gestellt und sie überkochen lassen. Als der weiße Schleier der Sahne das Töpfchen umhüllte, hatten sie über ihre Unaufmerksamkeit gelacht.

Dann hatten sie sich einen guten Kaffee gekocht, dickflüssig und stark, dessen Duft die Luft erfüllte. Sie knackten Mandeln und getrocknete Nüsse. Eingemummelt in wollene Morgenröcke und Decken, mit Frotteesocken an den Füßen in der Küche sitzend, sprachen sie leise, weil sie Biagino nicht wecken wollten, doch in Wirklichkeit taten sie es, weil plötzlich ein starkes Bedürfnis nach Diskretion in der Luft lag.

»Accio war ein Arzt, der sich teuer bezahlen ließ, mit seiner Tätigkeit hatte er sich ein kleines Imperium aus Immobilien aufgebaut.«

»Ich weiß schon, warum ich Medizin studiert habe«, bemerkte Arianna ironisch, und ein Funken entspannter Heiterkeit blitzte in ihrem Gesicht auf, nur einen Augenblick, aber lang genug, damit Mimi Atem holen konnte.

»Alles, was Accio aufgebaut hat, trieft von Blut. Und jetzt erzähle ich dir eine Geschichte, deine Geschichte. Ich wollte sie dir niemals erzählen, weil ich immer gehofft habe, dass du eines Tages deinen Vater kennenlernst, aber das ist nicht geschehen.«

Das blasse Honiggold des Morgens und Ariannas feierliche Aufmerksamkeit lösten Mimi das Herz und die Zunge.

Accio war ein untersetzter Mann mit einem kleinen runden, blankpolierten Kahlkopf, er trug ein mephistophelisches Spitzbärtchen, das sein Gesicht in die Länge zog und ihm etwas Maskenhaftes verlieh. Die Männer verspotteten ihn mit dem Spitznamen Balanzino nach der Figur des Dottore Balanzone aus der Karnevalskomödie, doch schon bald siegte Accio über alle anderen Beinamen, denn Berto Brancaccio hatte ganz und gar nichts Scherzhaftes und Heiteres an sich.

Wer zu ihm kam, tat es, weil er ein Problem hatte.

Accio löste dieses Problem in seiner Praxis.

Im Grunde hätte in den siebziger Jahren in einem Land wie der Schweiz keine Frau mehr Schwierigkeiten gehabt, wenn sie abtreiben wollte. »Doch wenn sie Italienerin war und so lebte wie ich, dann kam sie um Accio nicht herum.«

Arianna verzog das Gesicht, senkte die Augen und blickte von dem Moment an zu Boden.

Sie hatte verstanden, was ihre Mutter sagen wollte. Accio nahm heimliche Abtreibungen vor, durch sein Behandlungszimmer gingen pro Jahr ein gutes Dutzend Frauen, die die Folgen eines Ehebruchs oder einer »Schande« verschwinden lassen mussten.

Mimi gebrauchte das Wort Schande, weil eine der Hebammen im Haus aus Glas es zu ihr gesagt hatte. Rosanna und Antonio wussten noch nichts. Sie war wirklich noch ein Mädchen, ihre Brüste waren kleine rosige Spitzen, erst ein Jahr zuvor hatte ihre Menstruation eingesetzt.

Nie war ihr übel geworden, doch eines Tages betrachtete sie ihr Bild im Spiegel, das sie mit ihren Streichhölzern beleuchtete, und entdeckte, dass ihre Haut verändert war, in der kleinen Flamme spiegelten sich ein Schimmer und eine Straffheit ihres Gesichts, die sie noch nie zuvor an sich gesehen hatte. Die Haare waren dunkler, rabenschwarz wie das Federkleid der Amseln, die sie bei den Festen der heiligen Maura gesehen hatte.

»Ich wusste, dass ich schwanger war, weil ich mich im Spiegel betrachtet hatte. Ippazio wollte das Kind nicht und übergab mich einer dieser Frauen, die mich zu Doktor Brancaccio bringen sollten.«

»Und das Geld?«

»Dafür sorgten die anderen Frauen. Vielleicht war auch ein bisschen Geld von deiner Großmutter dabei, die nicht wusste, dass diese eine von den vielen Kollekten für ihre Tochter bestimmt war.«

»Hat sie es je erfahren?«

»Sie hat vorher nichts gewusst und hat auch nachher nie etwas erfahren.«

»Und was hast du verstanden?«

»Manche Dinge verstand ich überhaupt nicht. Aber ich war älter als die fünfzehn Jahre, die auf meinem Ausweis standen, nach diesen harten Monaten, die ich durchgemacht hatte, der Kälte, den Aggressionen, dem Zement, der uns alle auffraß, war ich nicht so dumm, dass ich nicht begriffen hätte, was für ein Schlächter dieser Accio war.«

»Hat er dich untersucht?«, fragte Arianna drängend.

»Nein. Aber ich bin in seine Praxis gegangen.«

»Du bist hineingegangen?«

»Er hätte mich untersucht und das Kind innerhalb kürzester Zeit abgetrieben. Als ich das Behandlungszimmer betrat, spürte ich eiskalte Schauer, meine Beine zitterten. Jahre später habe ich verstanden, dass das weiße Licht, das er kalt und ungerührt auf mich richtete, dasselbe Licht war wie im Leichenschauhaus.«

»Und dann?«

»Und dann … dann bist du hier.«

Arianna begann zu stottern, sie versuchte, ein Weinen zu unterdrücken, das in ihr überfloss.

»Ich hatte Angst, Arianna, aber es war richtig so. Dieser Arzt hat nie etwas Gutes getan. Denn er war nicht menschlich. Wer Abtreibungen vornimmt, muss Mitgefühl haben. Und das erkennst du am Blick. Er sah mich kurz an, bevor ich in die Praxis hineinkam, und sagte, ich sei ein kleines Mädchen, es würde schnell gehen, und ich würde mich bald wieder erholen. Aber seine Stimme klang nicht beruhigend.«

Jetzt fiel es Mimi schwer, zwischen Ariannas Schluchzern weiterzuerzählen, sie sah Accios Profil und seine Miene genau vor sich, er war kurz angebunden und unbeteiligt. Im Klang seiner Stimme, in der Arroganz des Tonfalls, in der Art und Weise, wie Accio dem Blick des Mädchens auswich, lagen die Gründe für das, was Mimi tun würde.

Sie wurde von einer Frau in Alltagskleidung in das Behandlungszimmer geführt, dort gab es nur eine Liege unter einer Lampe in Pfannenform, ein graues Séparée, den Geruch nach Desinfektionsmittel und einen Tisch aus Metall.

Mimi bemerkte ihn sofort. Sie musterte ihn, ging zu dem Tisch und berührte ihn mit den Händen, die Kälte stieg in ihre Handgelenke und über das Blut bis in die Knochen. Sie umkreiste den Tisch, zweimal, dreimal, schließlich ein viertes Mal. Sie hatte sich entschieden. Noch wusste sie nicht, ob sie sich dem Arzt ausliefern würde. Aber was sie in der nächsten Sekunde tun würde, dass wusste sie schon. Und bevor der fünfte Rundgang um den Metalltisch beendet war, verkroch Mimi sich darunter.

Der Arzt kam in den Raum und sah niemanden.

Er rief seine Assistentin ohne weißen Kittel und fragte:

»Wo ist sie?«

Die Frau schüttelte den Kopf.

»Ist die dumme Gans etwa abgehauen?«

»Ich weiß es nicht, Dottore.«

»Hast du sie denn reingehen sehen?«

»Ich habe sie selbst hier hereingeführt.«

»Sie hat sich aus dem Fenster gestürzt … ah, da steckt sie ja, unter dem Tisch. Du bist wirklich ein kleines Kind, komm her, Dummchen.«

Die Frau hatte einen imposanten Kopf auf einem schmächtigen Körper, ihre Gesichtszüge verzerrten sich.

»Komm sofort da raus, der Doktor hat keine Zeit zu verlieren.«

»Wenn du nicht schnell machst, tun wir dir weh«, drohte Accio.

Die Frau bückte sich, bis ihr Gesicht unter dem Tisch direkt vor Mimi war und sie ihren Atem wenige Zentimeter entfernt spürte.

»Wir wollen doch nicht, dass der Doktor nervös wird.«

»… ich will dir nicht wehtun, aber wenn mehr Zeit vergeht, wird der Schmerz größer«, bekräftigte der Mann.

Accio sagte das tatsächlich.

Jahre später, als in Italien das Gesetz über den Schwangerschaftsabbruch verabschiedet wurde, kehrte Accio nach Sizilien zurück, wo er sich als Amtsarzt niederließ und zum ersten Arzt in seinem Heimatland wurde, der Abtreibungen aus Gewissensgründen ablehnte. Seine Quote an Abtreibungen hatte er erfüllt, außerdem trug er eine Anzahl Frauen auf dem Buckel, die durch den Eingriff Behinderungen erlitten hatten oder gestorben waren, anzeigen konnte ihn ja niemand.

»Mama«, sagte Arianna seufzend und die Nase hochziehend. »Ich bin nicht unter den Tisch gekrochen.«

»Bist du schwanger?«, fragte Mimi, aber sie wusste die Antwort schon.

»Ich habe letzte Woche abgetrieben, Mama.«

»Federico?«

»Ich weiß es nicht, in den vergangenen Monaten habe ich andere Männer geliebt, einer von ihnen hat mich getäuscht, ich habe ihm vertraut, naja, es ist passiert, und dann ist er verschwunden, vielleicht verdient jede Frau in unserer Familie einen wie meinen Vater.«

»Lassen wir Ippazio und seine Ängste beiseite. Lassen wir die Finger von Männern ohne Mut.«

Jetzt hätte Mimi ihr erzählen können, warum Ippazio eine Enttäuschung war, was passiert war, nachdem Accio sie davonlaufen sah, in welchem Zustand sie während der folgenden Monate gelebt hatte, mit Arianna im Bauch, die Gesichter ihrer Eltern, feierlich, dann streng, als sie die Nachricht hörten, das Wort »Schande«, das ihr dröhnend im Kopf widerhallte. Sie hätte gerne alles erzählt, aber sie spürte, dass Arianna schon verstanden hatte, sie hatte verstanden, dass Ippazio nicht wegen einer anderen Frau weggelaufen war, wie Mimi ihr all die Jahre weisgemacht hatte, sondern aus Angst, und die Angst war sie, Arianna Orlando.

»Du bist mutig gewesen«, sagte Mimi und drückte Arianna an sich.

»Ich habe alles ganz allein gemacht, Mama.«

»Bleib hier, solange du willst.«

Doch sie wusste, dass Arianna nicht bleiben würde.

Arianna fuhr am nächsten Tag nach Rom zurück. Sie schlief eine zweite Nacht in Mimis Armen, die diesmal nicht wachte, sondern sich dem Schlaf ergab. Der Bahnhof war in eine Decke aus Kälte gehüllt, als Arianna abfuhr, ihr Herz aber war heiterer. Sie beschloss, Federico noch vor Weihnachten zu verlassen, doch sie beschloss auch, keinen der Männer mehr zu treffen, mit denen sie in den letzten Monaten zusammen gewesen war.

Sie würde die letzte Prüfung und dann ihren Doktor machen, danach würde sie vielleicht zurückkehren, um als Ärztin in Tricase oder in Lucugnano zu arbeiten, in der Nähe von Mimis Haus. Dort gab es einen wilden Zitronatbaum mit kleinen Früchten, die Zitronen ähnelten, der Baum war mit viel Liebe gepflegt worden, und er war ein Zeichen des Schicksals, das man lange Zeit übersieht und das einem ganz plötzlich vor Augen steht, zusammen mit dem Weg, der sich klar offenbart. Während der Jahre ihres Lebens in Rom, in ihrem Viertel voller Geschrei und Lärm, war ausgerechnet dieser Zitronatbaum das gewesen, was ihr am meisten gefehlt hatte. Der Duft der Blüten und der prägnante bittersüße Geschmack der Torten ihrer Mutter. Mimi rieb die Schalen der Früchte in die Süßspeisen, in den Biskuitteig und in die Zabaione, die sie im Winter zum Frühstück zubereitet hatte, wenn Arianna in die Schule ging.

Ein einziges Mal hatte Arianna auf einer Reise ihre eiserne Regel gebrochen, die darin bestand, sich niemals etwas von zu Hause mitzunehmen. Es machte sie traurig, zu sehen, dass die guten Sachen allmählich zur Neige gingen, die Vorräte an Süßigkeiten ihrer Mutter, die Peperoni- und Tomatencremes ihrer Großmutter. Diesmal machte sie eine Ausnahme, und so erfüllte der Duft der Zedratzitronen, die in feuchte Tücher eingewickelt waren, um ihr Aroma zu bewahren, die Luft und verbreitete sich in allen Abteilen des Zuges.

2006

Die Ausgesetzten

Asbestteilchen haben die Form eines Hakens, sie sind winzig und leicht, unter dem Mikroskop betrachtet, gleichen sie Schmuck aus alter Zeit, dem schlichten Geschmeide einer Königin oder Ohrringen, die eine vornehme Burgherrin schmücken könnten. Es sind jene Schmuckstücke, die man, überzogen von der dunklen Patina der Zeit, in Museen für klassische Goldschmiedekunst findet. Diese Häkchen dringen durch Mund und Nase in den Körper, angetrieben von der Schwerkraft, dem Schluckmechanismus oder der einströmenden Luft, passieren sie die Kehle und gelangen bis in die Lungen, doch beim Ausatmen werden sie nicht wieder verschwinden. Sie werden sich in den Zellen festhaken und dort verweilen. Sie werden kleine Geschwüre erzeugen und dann leichte Entzündungen, die über das Gewebe des menschlichen Körpers wieder in die Höhe steigen, die Stimme rauben, die Nasenflügel anschwellen lassen und den Geruchssinn verwirren, sie werden die Augenlider schwächen und die Sehkraft zerstören.

Diese hakenförmigen Schmuckstücke haben viele in Tricase und Umgebung umgebracht. Jene, die in der Ternitti gearbeitet hatten, jene, die sich ein Haus aus Ternitti gebaut hatten, jene, die nur daneben, darin, darüber oder darunter wohnten, ohne es zu wissen.

Der Vope, Antonio Orlando und viele andere hatten nach kurzen oder langen qualvollen Todeskämpfen ihre Welt aus Kieselsteinen und Olivenbäumen verlassen.

Und Mimi packte den hundertsten Totenkorb mit Konfitüre und Mehl für die hundertste *parmasia.*

Man nannte sie die »Ausgesetzten«.

Ein Wort, das noch andere, verborgene Bedeutungen in sich trägt und das Mimi an die Aussetzung des Heiligen erinnerte, die Zeremonien, bei denen an die Gelübde und Wunder von Ippazio, Vito, Domenica, Sofia, Biagio, Tryphon und allen Schutzpatronen des Salento erinnert wurde. Doch die Ausgesetzten, die in den Gemeindesaal von Corsano eingeladen waren, bildeten eine andere Kategorie von Gläubigen, sie mussten um keine Gnade beten bei dem öffentlichen Treffen, das von der Emigrantenvereinigung für »die dem Asbest Ausgesetzten« organisiert worden war.

Arianna hatte bei den Vorbereitungen mitgearbeitet, aber sie hatte nie mit Mimi darüber gesprochen. Die fand eines Tages im Briefkasten eine Einladung, »Gerechtigkeit für die Asbestopfer« lautete die Überschrift, darunter waren die Ziele und Gründe des Treffens beschrieben: die eigenen Rechte kennenlernen und Informationen über Möglichkeiten für eine Entschädigung der Fabrikarbeiter und ihrer Angehörigen erhalten. Mimi war entsetzt. Seit Monaten erforschte ihre Tochter auf eigene Faust die Geschichte der Dörfer ihrer Heimat, am Baum des Emigranten, am Dialekt, an Konzerten und Gedichten hatte sie kein Interesse mehr. Was blieb, waren eine Handvoll Asbestfasern, die sie alle miteinander umbrachten, außerdem das Ritual der Totenkörbe, die Arianna seit einiger Zeit zusammenstellte und die sie zu einem konkreten, eher politischen als anthropologischen Engagement gebracht hatten.

In den Tagen rund um das Ereignis empfand Mimi die Arbeit in ihrer Krawattenfabrik als eine drückende Belastung, was nicht zu ihr passte. Geistesabwesend betrachtete sie die Reihen der Frauen, die sich mit den immer gleichen Bewegungen der Nähmaschinen herumschlugen, sie hörte das Brummen der elektrischen Apparaturen und das Dröhnen der Dämpfe speienden Pressen; die Details der Krawattenherstellung beunruhigten sie. Es war zwar keine wirkliche Angst, sie ähnelte jedoch dem Gefühl eines Menschen, der zum ersten Mal in einem Flugzeug sitzt und die Geräusche der Räder, die ein- und ausgefahren werden, und die Manöver eines Abflugs nicht kennt. Das kleinste Geräusch, das von der Normalität abweicht, lässt eine imaginäre rote Lampe aufleuchten. Mimi fühlte sich zum ersten Mal in ihrem Leben ausgesetzt. Jahrelang hatte sie ihre eigenen und die Ängste anderer in der Krawattenfabrik unter Kontrolle gehabt. Sie hatte die Mädchen beschützt, die sich gegenseitig beim Nachnamen riefen, sich vor den Maschinen ängstigten, nackt in ihren armseligen Kitteln, die schnell arbeiteten, ohne zu atmen, ohne ihre Schatten an den hellblauen Wänden wahrzunehmen, über die Eisendrähte gebeugt, während sie Fliegen umwendeten; und wenn eine von ihnen es wagen wollte, brauchte sie nur Mimis Blick zu suchen, einen aufmunternden Blick, der aber in jenen Tagen verwirrt schien, wie der Blick eines Gespensts, eines Schattens aus der Adria. Manchmal sieht man Augen, die den Augen Ertrunkener gleichen, sie sind weit geöffnet, der Blick ist unverwandt auf den Meeresgrund gerichtet, wie die Augen jener unbekannten Fremden, die an Mariä Himmelfahrt bei trübem Mond allein und ohne Badeanzug aufs Meer hinausschwamm und nie wiederkehrte. Mimi konnte niemanden trösten in jenen Tagen, als die Lampe für Gefahr ständig brannte und sie die Augen einer Fremden hatte. Auch dieses Gefühl verstärkte sich mit dem kleinen Billet aus Kartonpapier und ihrem neben den Taufnamen der Tochter gestempelten Namen. Orlando. Gerechtigkeit. Asbest. Opfer.

»Das bringt mir Antonio auch nicht zurück.«

Das skeptische Mantra, das Großmutter Rosanna seit Tagen aufsagte.

Am Abend des großen Ereignisses kamen Mimi und Rosanna im Schlafzimmer zusammen. Mutter und Tochter hatten in letzter Zeit recht wenig Gelegenheit zum Sprechen gehabt, auf Seiten Rosannas schwebte ein Wunsch in der Luft, den sie ihrer Tochter nicht zu offenbaren wagte. Seit Antonio gestorben war, wartete sie auf Mimis Angebot, in ihr Haus zu ziehen.

Warum hatte die Tochter sie nie darum gebeten?

Rosanna hätte abgelehnt, doch sie spürte, dass Mimi ihr dieses Angebot schuldig war. Am Abend der Ausgesetzten prallten zwischen den Mauern und Spiegeln des Hauses Orlando zwei klare Fronten scheinbarer Unnachgiebigkeit aufeinander. »Arianna möchte es so gerne« gegen »Ich mag nicht, Mimi, von diesen Dingen weiß ich doch gar nichts«.

Die Tür zum Schlafzimmer gab ein leises Schnarren von sich, Arianna war aufgetaucht, sie verströmte ein anderes Licht als gewöhnlich, Mimi hatte sogar den Eindruck, dass ihre Tochter leuchtete, ein unbekannter Glanz umgab sie.

An beide Frauen gewandt, deren Augenlider jetzt halb geschlossen waren: »Warum gehen wir nicht zusammen hin?«

Allen drei Frauen Orlando trat das Bild des großen Feuers zu Ehren des heiligen Antonius vor Augen, die Freudenfeuer am 17. Januar, wenn die hohen Scheiterhaufen mit Reisig aus Oliven- und Weinstockzweigen auf der

Piazza von Lucugnano brennen und die Luft mit glühenden Staubwolken erfüllen.

»Arianna, mein Kind, wie soll ich's euch bloß sagen, dein Großvater kommt nicht mehr zurück. Das nützt alles gar nichts.«

»Vielleicht nützt es ja *sirma*, meinem Vater, und mir. Was meinst du?«

Mimis Miene verdüsterte sich, sie ließ Arianna offenen Mundes erstarren: »Lass *sirta*, deinen Vater, in Ruhe.«

»Nein, Mama, ich lasse meinen Vater nicht in Ruhe, alle um uns herum sterben, und eines Tages wird keiner mehr da sein, den ich fragen kann, woher ich komme. Die jeweils eigene Wahrheit der Menschen will ich gar nicht wissen, mir reicht schon etwas weniger Nebel, weniger Förmlichkeit, Großmutter, auch du bist gemeint, es ist viel wichtiger, dass du heute Abend zu dieser Veranstaltung mitkommst als zu einem unserer Feiertagsessen ... verstehst du das? In diese Sache habe ich meinen Ruf gesteckt und mein Blut.«

Die *parmasie* ohne Milch hatten auch für die Frauen begonnen.

Die Frauen, die vor vierzig, dreißig Jahren die Arbeitskleidung jener kräftigen jungen Männer gewaschen hatten, begannen jetzt immer häufiger zu husten, fühlten ihre Stimme verschwinden, es war ein einziger Husten, der sich in den Häusern des Salento ausbreitete.

Mit Federica begann die Reihe der Erkrankungen, dann folgte Maria Giovanna und dann Cristina, und in jedem dieser Häuser gab es einen Arbeitskittel, der mit Seife gewaschen worden war. Ein Kittel voller Asbestfasern, die sich in den Lungen der Frauen eingenistet hatten, wenn sie in den Bottichen mit Wasser und Wäscheseife gerührt hatten.

Rosanna schien eine wundersame Ausnahme von dem Massensterben zu bilden, heil und ganz nahm sie jeden Tag in der Kirche San Vito am Rosenkranzgebet und danach an der Messe teil. Doch der tägliche Besuch verdankte sich weniger einem Gelübde, weniger der Frömmigkeit als einer Gewohnheit, die sie nicht entbehren wollte, um ihre Nachmittage damit zu füllen, die im Sommer lang und zermürbend waren. Unter der Asche war Rosanna eine moderne Witwe, die Mimi ein Privileg gewährt hatte: Sie stellte ihr keine Fragen, sie bat sie nicht um Hilfe. Rosanna haderte nicht mit ihrem einsamen Leben, obwohl ihr Alleinsein, verglichen mit dem Umfang des ländlichen Lebenskreises der Tochter, in gewisser Weise willkürlich erschien. In allerletzter Zeit jedoch hatte sich ein gegenläufiges Bedürfnis eingeschlichen, sie wollte von der Tochter getröstet, angehört werden, kleine Versäumnisse, wie eines Sonntags nicht zum Mittagessen eingeladen zu werden, oder das große Schweigen über die beiden getrennten Haushalte wogen nun schwerer für Rosanna.

So war Rosanna früher nie gewesen, sie hatte darauf verzichtet, die herkömmlichen Rollen einzuklagen, hatte Mimis Schwangerschaft hingebungsvoll unterstützt und betreut. Diesen Bauch mit Arianna darin am Körper derjenigen wachsen zu sehen, die damals wie ein kaum ausgewachsenes Mädchen erschien, war schockierend gewesen. Es stellte sie vor einen Scheideweg, der sie gezwungen hatte, Signale aufzufangen, die ihr das innerste Wesen ihrer Tochter offenbarten. Nur wenigen Menschen ist vergönnt, Einzelheiten zu erfahren, die mit unserem ureigensten Wesen zu tun haben. Signale aufzufangen bedeutet nicht, sie zu verstehen, sondern sie für einen einzigen, freilich sehr kurzen Moment so zu ergreifen, dass man nicht fehlgeht.

Am Abend des Treffens der Überlebenden ereignete sich wieder einmal eine Wende im Verhältnis zwischen den drei Frauen, und diese Wende wurde von der dritten Frau erzwungen, von Arianna, mit ihrem leidenschaftlichen Plädoyer. Während Arianna sprach, kam ein starker Brandgeruch von draußen herein; auf dem Land werden zum Ende der Jahreszeiten oft die Stoppeln am Wegrand verbrannt. Weil es gesetzlich verboten ist, geschieht es heimlich, in den stillen Mittagsstunden oder zur Zeit des Abendessens. Der Geruch nach Rauch, nach verbrennender Quecke und Wolfsmilch, ist der Geruch der Umarmungen bei den Freudenfeuern im Januar.

Rosanna hatte Mimis einzelgängerische Natur erkannt und beschlossen, ihre Neigung zu unterstützen.

Im Gedanken an das Schicksal aller Orte in ihrer Umgebung und der Menschen, mit denen sie emigriert und zurückgekehrt war, sah Rosanna die Nächte der großen brennenden Scheiterhaufen vor sich, und sie beschloss, dass sie dieses eine Mal auf ihre Enkelin hören würde.

In der Ödnis des Lucugnaner Abends, die Luft war schwer von feuchtem Dunst, stiegen die drei Frauen ins Auto und fuhren über die Schnellstraße Maglie–Leuca an Alessano vorbei nach Corsano. Das Land der *pajare* und Trockenmauern, die an diesem Abend eine silbrige Färbung hatten und zu ihren vorgeschichtlichen, phantastischen Ursprüngen zurückkehrten. Die Steine Apuliens haben eine längere Geschichte als die Menschheit; einst sammelten die Bauern sie mit ihren Hakenpflügen, um damit ohne Mörtel Trockenmauern und *pajare* zusammenzufügen. Der Boden in Mimis Heimat war überreich an uralten Steinen, aus denen Trulli und Dolmen gebaut wurden, und es war, als durchpflügte man ein Beinhaus, einen Teppich aus Geistern. Auf der Fahrt nach Corsano, wo sie die Geschichten der Märtyrer der Ternitti hören würde, dachte Mimi an den offenkundigen Widerspruch, den ihre Heimat ihr an diesem Winterabend darbot. Ihre Landsleute, die jetzt am Zement starben, waren während der Epoche des Asbests in einer Region aufgewachsen, wo Steine sich gegenseitig suchen, sich zueinandergesellen und wie von einem unsichtbaren Magneten gelenkt ineinanderfügen, weil sie zusammen sein wollen. Und wenn der Asbest etwas Böses war, dann war es nicht nur der Schmerz der Asbestose, der Brustfellentzündung und der Tumore, die diese Krankheiten mit sich brachten, sondern die Tatsache, dass unsere Gräber, unsere Steine unbewacht und unbedeckt zurückgelassen wurden, bevor die Nacht kam.

Auf der Piazza erwartete sie Teresa, Mimis treue Freundin, mit einem neuen Kurzhaarschnitt, weiten Hosen, die Hände in den Hosentaschen, sie sah aus wie ein Mann.

»Wo Arianna mitgemacht hat, da geh ich hin, weißt du«, wandte sie sich an Mimi mit der Überzeugtheit eines Menschen, der einem Ruf folgt.

»Wetten, dass Anna heute Abend an der Leine liegt?«, sagte Mimi traurig, dann schlossen sie zu den anderen auf, überquerten den Kirchplatz und betraten das Labyrinth kleiner Gassen, das zum Ort des Treffens führte.

Vor einer Garage standen Stühle, wo drei Männer Karten spielten, darunter auch Annas Ehemann, eine stattliche Erscheinung mit muskulösem Nacken und den kolossalen Armen eines Trägers schwerer Lasten.

Er verspottete die Frauen: »Ah, die Teresa und die Mimi … allein, wie immer …«.

»Lieber allein als mit dir«, murmelte Teresa, aber sie sagte es wie eine Zauberformel, eine Litanei, die nur sie hörte, als sie auf ihren Lippen erschien und dann verschwand.

Zweihundert Menschen zusammengedrängt im Auditorium, es roch nach Feuchtigkeit und abgestandener Luft, drei Bürgermeister mit Trikolore-Schärpen, die Menschenmenge wogte über die nach unten zur Bühne abfallenden Treppenstufen.

Noch während die Leute Platz nahmen, ergriff Arianna das Wort. Sie pustete ins Mikrophon, was wie ein Zauberspruch wirkte, denn augenblicklich brachte er die noch Stehenden dazu, sich hinzusetzen.

»Ich bin Arianna Orlando, mein Großvater Antonio, an den sich viele von euch erinnern werden, starb 1999 an Asbestose. Ich möchte euch fragen, wie viele von euch in der Familie jemanden haben, der an Krebs erkrankt oder gestorben ist.«

Die Stille, die nach Ariannas ersten Worten eingetreten war, wurde zu einem Stimmengewirr, doch dann verwandelte es sich in die Ruhe, mit der man sich nach einem Aufruhr wieder sammelt.

Keine einzige Hand hob sich. Es dauerte wenige Sekunden, Arianna durchzuckte ein Blitz des Entsetzens. Das konnte niemand wissen, nur Mimi las in ihrem Gesicht einen schreckensstarren Blick, den sie noch nie an Arianna gesehen hatte. Wenn nötig, hätte Mimi als Erste die Hand gehoben. Aber vielleicht wäre das noch demütigender gewesen.

In diesem Moment ertönte eine leise Stimme, sie begleitete die erste Hand, die sich hob. »Ich heiße Giulia.« Es war eine bekannte Stimme, eine vom Haus aus Glas. Eine Stimme, die seit langem in einer Bodensenke alter Erinnerungen verschüttet gewesen war, eine Stimme aus bestimmten Vokalklängen, die dann in einem einzigen Moment ausgegraben und vom Abgrund aus neu programmiert wurden.

Über Giulias Stimme legte sich eine zweite, Vittorio, dann folgte Giuliano, dann Vito, schließlich Cosimo, und zusammen mit diesem umgekehrten Appell ohne Aufruf der Namen gingen die Hände in die Höhe, eine, zwei, drei, Dutzende und dann gut hundert Arme, verbunden mit unterschiedlichen Stimmfarben, einige waren heiser, alt, andere jung oder kindlich.

Im Saal ging das Gerücht um, einer der Fabrikleiter der Ternitti sei da, doch angesichts der Ereignisse, an die erinnert wurde, erkannte man bald, dass es haltlos war. Stattdessen sprachen die Verwandten der Opfer, und ein Kranker, der von seinen Erfahrungen erzählte, hängende Wangen, dunkle Ränder unter den Augen, er keuchte eher als dass er sprach: »Ich litt unter Asthma, und sie schimpften mich einen Simulanten, man hat mir schon zwei Lymphknoten entfernt, ich habe zwei Chemotherapien durchgemacht, wann wird das alles endlich aufhören?«

Es gab wütenden Beifall, Zwischenrufe, man suchte einen Sündenbock, und als ein Anwalt erklärte, da sei nicht viel zu machen, wurde er mit Pfiffen übertönt.

Ein Komitee wurde gebildet, man tauschte Adressen und Telefonnummern aus, es waren Leute dabei, die in Casale, in der Schweiz oder auch in Bari gearbeitet hatten. Am schlimmsten war es um die Überlebenden von Niederurnen im Kanton Glarus bestellt, einer der vielen Schweizer Zementfabriken, in der die meisten jungen Männer aus dem Salento gearbeitet hatten.

Rosanna und Mimi saßen rechts oben, auf zwei kleinen Klappsitzen nahe beim Ausgang. Sie hatten gedacht, sie würden schon bald wieder gehen können, aber die Stimmung war hitzig geworden, sie fühlten sich von einem Wind des Zorns gepeitscht, jetzt wollten sie das Ende des Treffens abwarten, um mit einer Hoffnung nach Hause zurückzukehren.

Die Frist für den Antrag auf Entschädigung war schon abgelaufen, was man jetzt noch fordern konnte, waren Brosamen, es gab eine Schweizer Versicherung gegen Arbeitsunfälle, SUVA genannt, und dann traten Präsidenten, Vizepräsidenten und Verwaltungsräte von Verbänden auf, die einer zunehmend erregten Menge erklärten, bei wem man detaillierte Informationen einholen konnte.

»Siehst du, wir haben uns nur aufgeregt«, sagte Großmutter Rosanna, deren Wangen purpurrot glühten, »ich habe keine Lust, meine letzten Lebensjahre als alte Frau in die Hände eines Anwalts zu legen.«

Mimi dachte genauso, aber sie wollte nicht aufgeben und hielt die Hand ihrer Mutter, um sie davon abzuhalten, schon fortzugehen. Nach den bürokratischen Einzelheiten folgten nun die Geschichten derer, die die Fasern mit der Forke zusammengeharkt hatten, die für das Schleifen zuständig gewesen waren, die die Säcke getragen hatten, und die Geschichten der Frauen all dieser Männer.

Die Veranstaltung verwandelte sich in ein melancholisches Happening, eine Atmosphäre wie nach der Messe, das Stimmengewirr verebbte, Traurigkeit und Müdigkeit bemächtigten sich der Gemüter.

»Mama, Großmama, hier ist die Gevatterin Giulia, sie sagt, ihr seid zusammen in der Schweiz gewesen.« Plötzlich tauchte Arianna auf, sprach mit leiser Stimme, um keinen Lärm zu machen; auf den Stufen neben den Sitzen in der Dunkelheit schwankend, führte sie Giulias Hand mit der von Rosanna zusammen.

Die Haut, die auf Haut traf, war wie ein Kontakt zwischen zwei elektrischen Polen, sprühende Funken, die sich der Physik und einem überhimmlischen Ort gemeinsamer Erfahrungen verdankten.

Die Zellen erkannten sich wieder.

Als sie draußen waren, fanden Giulia und Rosanna zueinander und erzählten sich winzige Bruchstücke einer Geschichte, die sich allmählich wieder zusammensetzte. An ihren kleinen Anekdoten ließ sich ihr persönlicher Widerstand gegen die Asbestose erkennen. Auch Giulia war verwitwet, überdies selbst krank, sie erzählte, ihr Mann habe begonnen zu husten, nachdem sie das Haus aus Glas verlassen hatten. Sie kaufte ihm einen Mundschutz, doch je schlechter es ihm ging, desto öfter wurde er in andere Abteilungen versetzt, als hätten leichtere Aufgaben ihn heilen können. Als er zu arbeiten aufhörte, ging auch sein Leben zu Ende, und das Einzige, was von ihm blieb, war der Mundschutz, der die Form seines Gesichts angenommen hatte, ein Fetzen Stoff wie ein kleines Leichentuch, ein belangloses Erinnerungsstück.

Giulia war erst vor wenigen Monaten aus der Schweiz in den Salento zurückgekehrt. Sie war zurückgekommen, um ihren Mann zu begraben und zu Hause zu sterben, wenige Schritte von ihrem Meer entfernt. Von jenem Abend an würde sie ihre letzten Tage mit der wiedergefundenen Freundin verbringen, die beiden würden sich wiedersehen, zusammen den Rosenkranz beten und zusammen Messen singen.

In die Kirche zu gehen bedeutete auch, ein paar Stunden lang in Biaginos Nähe zu sein, den sie nicht mehr sah, seit er bei Mimi lebte.

Ein schönes Schauspiel war es nicht, wenn am frühen Abend um sieben Uhr Typen mit fiesen Visagen kleine Flaschen Dreher-Bier aus einer Tüte zogen und dabei aus voller Kehle brüllten: »Mach mir 'ne Infusion! Mach mir 'ne Infusion!«, um sich dann am Flaschenhals festzusaugen und den Inhalt in einem Schluck hinunterzukippen. Unter den Schluckspechten waren so illustre Typen wie Pippo die Bestie, Vito Bruschetta, der unvermeidliche Catone und Biagino alias Celestino, der auf dem Höhepunkt des wieder einmal von einer Bar zur anderen, von einem Glas zum anderen dahingegangenen Tages betäubt auf den Stufen des Pfarrhauses gelandet war. Wenn abends bei sinkender Sonne die Farben von Hellbraun in jenes Kastanienbraun übergingen, das nur der Stein aus den Brüchen des Salento hat, führten wehrlose, von vielen Räuschen gezeichnete Männer mit schwerer Zunge vernünftige Reden, stellten scharfsinnige, von den Alkoholvorräten des Ortes gespeiste Überlegungen an. Männer, die dieselbe Farbe angenommen hatten wie die Steine, auf denen sie ruhten, auf denen sie sich betranken, auf denen sie träumten, Männer, die ein getreuer Abdruck der Landschaft waren, die Heiligen in den Nischen, die Buddhastatuen von Bamyan.

»Seht euch diese *vagnuni* an, wann nehmt ihr euch endlich eine Frau, Jungchen«, ja, eine Frau, die war im Ort das Allheilmittel. Aber konnten diese Menschen überhaupt lieben?

Jedes Erlebnis erlischt einmal, mit wenigen Ausnahmen verändert sich alles, und eine dieser Ausnahmen ist für wenige Auserwählte die erste Liebe, der erste Kuss und die erste Liebkosung.

Für Mimi war diese Geste ein Streicheln über die Hand. Ein Streicheln, das zu einem Händedruck wurde, wenn Finger und Knöchel sich verschränkten, wie sie es vor Jahrhunderten mit Ippazio erlebt hatte. Keinem einzigen Mann, mit dem sie zusammen gewesen war, hatte sie erlaubt, sie während der Liebe oder beim Spazierengehen bei der Hand zu nehmen. Für sie begann die Liebe mit diesem Händedruck, der seine Bahn durch die Kindheit, die Jugend und jede Art von Veränderung zog.

Wenn sie sich von jemandem an der Hand berühren ließ, war dies das Zeichen einer viel weiter reichenden Anerkennung. Dem Gefangenen Vope, von Asbestfasern zum Tod verurteilt, dem schmächtigen Paolo, der den kleinen Dingen des Lebens ein anderes Gewicht beimaß, der Tochter Arianna, die sich vor ihren Augen veränderte wie die Linie des Horizonts, hatte Mimi diese besondere Gunst gewährt.

Der Vope wusste es nicht, Paolo wusste es nicht, Arianna wusste es nicht. Auch Ippazio wusste es nicht, aber er hatte es gespürt, und darum war er geliebt worden wie niemand sonst.

Eines Abends nahm Mimi Biagio an die Hand. Als wäre er noch das Kind, das sie an die Hand nahm, als die beiden in Zürich lebten. Wieder einmal war der Anruf gekommen, der das Auffinden eines betrunkenen Mannes in verwirrtem Zustand meldete. Er sei am Pizzo Cannone. Wie er dort hingekommen war, wusste keiner. Jemand hatte ihn aufgelesen, als er durch die Straßen am Stadtrand von Tricase wankte, und hatte ihn mitgenommen, ans Meer, in die Nähe der Bars, die im Sommer nach Pasteten duften und Tanzmusik verbreiten. Eine Infusion folgte auf die andere, plötzlich hatte Biagio sich brüllend mitten zwischen den Autos wiedergefunden, die langsam an der Küste entlangfuhren. Mimi sah ihn umringt von einer kleinen Menschenmenge. Sie verhörten ihn, sie fragten ihn, wie er hieß. Über Resten eines geborstenen Mäuerchens zusammengebrochen, hielt er sich den Kopf mit einer Hand: »Biagino … aber nennt mich Celeste.«

Eine Sternschnuppe, der Speichelfaden von den Lippen glänzte, bis er seine Bahn über dem Boden beendete, jedoch ohne einen genauen Landepunkt. Eine tiefe Stille entstand, sogar die Musik aus den Bars schien einen Augenblick lang zu verstummen. Mimi ergriff Biagios Hand, er blickte sich um, sie wischte ihm die Spucke mit einem Taschentuch weg, dann zog sie ihn zum Auto, vor dem Innenraum ging sie in die Knie, schob ihn hinein, indem sie mit beiden Händen dem rechten Bein nachhalf, schloss die Tür und lächelte die Männer und Frauen an, die sie umringten, als hätte sie einen Fehler wiedergutgemacht: Sie hatte den wehrlosen Mann, den nichtsnutzigen Bruder, wieder an seinen Platz gestellt, zwischen die kleinen männlichen Figuren, aus denen sich die Landschaft rings um die Kirche San Vito zusammensetzt, ein Bild, so gestochen scharf wie die Ansichtskarten mit der Aufschrift »Grüße und Küsse«.

Arianna hatte sich für den Abend die Haare golden gefärbt. Während die Sonne unterging, hatte sie sich vor einem Spiegel mit hölzernem Rahmen schön gemacht. »Blondierte Strähnen, die werden lange halten«, hatte ihr die Friseurin versprochen, eine pausbäckige Frau, übersät mit Leberflecken und einem Muttermal auf der Stirn. Arianna hatte mit ihrem neuen Freund eine kleine *pajara* unweit der Serra gemietet, einer Bucht zwischen zwei mächtigen Klippenvorsprüngen aus Granit und mediterraner Vegetation.

Mimi taufte den Abend, der Arianna bevorstand, auf den Namen »Der Abend der ersten Liebe«. Wegen der hohen Konzentration anwesender Liebhaber, die verpasst oder verlassen wurden.

»Warum bringst du dich bloß in so ein Schlamassel?«

»Federico wollte mich sehen, er wollte den modernen Mann spielen und meinen neuen Freund kennenlernen.«

»Soll das eine Beruhigungspille für ihn sein oder will er ihn ärgern?«

»Meiner Meinung nach will er bloß irgendwo in seinem Inneren bestätigt finden, dass er besser ist als der andere, und daraus Trost ziehen. Er hat noch immer nicht aufgegeben. Jeder Mann glaubt, dass er der Beste ist: ›Was, mit dem Typen bist du zusammen?‹«

Ariannas Nachgiebigkeit gegenüber Federicos Vorschlag machte Mimi misstrauisch.

»Ich glaube nicht, dass du dich erbittert gewehrt hast gegen die Idee dieses Abendessens mit Paolo, Federico und Marcello.«

»Marcello ist ein erwachsener Mann, er ist fünfunddreißig und Ingenieur.«

»Marcello weiß von Federico, von Paolo weiß er nichts.«

»Was muss er denn wissen?«

»Nun ja, Paolo war verliebt in dich.«

»Verliebt!? Was für ein großes Wort.«

»Er hat es mir gestanden, als wir einmal das Wahrheitsspiel gespielt haben.«

»Mama, bist du für gewisse Dinge nicht schon zu alt?«

»Ja.«

»Auf jeden Fall war das damals Kinderkram. Ich mochte Paolo auch, aber er war zu … wie soll ich sagen, zu …«

»Ein bisschen unbeholfen. Ein Trampel.«

»Das hast du jetzt gesagt.«

Es gibt schwindelerregende Momente, in denen unvermutet kompromittierende, vielleicht beleidigende oder sogar obszöne Gedanken im Geist auftauchen. Gedanken wechseln. Sie sind simpel, wie der Neid auf anderer Leute Besitz. Die Begierde aber ist wie ein Astrolabium, ein Mechanismus, der sich mit der Zeit vervollkommnet; hat die Begierde erst einmal einen Riss in der Vernunft entdeckt, weiß sie deren Grenzen auszureizen und immer verworrenere Situationen zu ersinnen. Manch einem wird es schon passiert sein, dass er eine Frau lieben wollte, nicht begehren, sondern wirklich lieben, die jedoch die Frau des besten Freundes war, die Mutter oder die Schwester der eigenen Geliebten oder die Vertraute und Freundin der einzigen jemals begehrten Frau. Doch wie oft hat man diesen Gedanken mit einem Lidschlag, einem etwas bewussteren Atemzug oder einem Hüsteln abgetan. Wenn das jedoch nicht geschieht, wird die Strafe der Wahnsinn sein.

Wie viel Wahnsinn in jenem Spätsommerabend umging, wird keiner je erfahren, was man aber durchaus wahrnehmen konnte, war die Verstörung durch Blicke, waren die maliziösen Anekdoten und die gierige Erwartung, dass etwas passierte. Die Luft war feucht, ein öliger Film aus Kondenswasser, der sich heimtückisch auf die Windschutzscheiben legte und Dunstwolken wie in einem Thermalbad erzeugte. Paolo und Federico waren im Schritttempo mit ihren Autos angekommen. Die kurvenreiche Schnellstraße Otranto–Leuca war glitschig, aber voller Zauber. Über die Serpentinen zwischen Tricase Porto und das letzte Stück bis zur Serra fuhren sie so langsam, dass sie die nächtlichen Grillen hinter dem Nebel zirpen hörten. Das Getriebe im zweiten Gang, mit klopfendem Herzen.

Sie hatten die Autos auf der Anhöhe neben der Assunta-Kirche stehenlassen und waren auf den Stufen aus Tuffstein nach unten gerutscht. Am Ende der Allee, am trüben Horizont aus Dunst und gedämpften Lichtern stand der Tisch, den Arianna gedeckt hatte. Federico und Paolo sahen nur sie. Und Arianna war wunderschön, sie war so, wie die beiden sie vor fünfzehn Jahren zurückgelassen hatten. Wie beim Schwimmen am Ciolo, als sie die Badekappe getragen hatte, um die Farbe ihrer Haare zu schützen. Arianna erschien ihnen mit einem Glas Weißwein in der Hand, sie hatte eben noch daran genippt, und beide wünschten sich in Gedanken dasselbe, sie möge den Wein von ihren Lippen den Lippen ihrer Freunde anbieten.

»Seid ihr allein?«, fragte sie. Federico stotterte etwas, Paolo sagte, was er dachte: »Ich dachte, wir wollten unter uns sein …« Erschrocken über ihren plötzlich veränderten Gesichtsausdruck, fügte er hinzu: »Sie hätte sowieso nicht kommen können«, womit er seine neue Freundin meinte.

Arianna trug einen Jeansrock und ein enges T-Shirt in der Farbe von Pampelmusen, diese Sachen saßen ihr am Körper wie ein Handschuh, betonten die Rundungen ihrer Hüften und das Becken. Mit unschuldiger Bosheit beugte

Arianna sich über die Schulter ihres Freundes, wodurch die engen Kleidungsstücke sich noch straffer um den Körper zogen. Ihr neuer Freund Marcello hatte wenige Haare, und das Lächeln in seinem gutmütigen Gesicht glich der Kräuselung eines Sees. Er sah aus, als würde er jedes Geschehnis wie eine Entdeckung staunend aufnehmen, eine Mischung aus Wohlerzogenheit und echter Neugier. Er und Arianna hatten sich in der Notaufnahme des Krankenhauses kennengelernt, wo sie die Nächte verbrachte. Eines Abends hatte er einen Freund begleitet, der bei einem Unfall verletzt worden war, und nachdem Arianna die Schnittwunde genäht hatte, war er geblieben, um sich mit dem Mädchen zu unterhalten, das einen sehr starken süditalienischen Akzent hatte.

Wer weiß, ob Marcello spürte, dass die Luft vom Bakterium einer Vergangenheit verseucht war, die aufdringlich wiederkehrte. Arianna tanzte auf ihren Absätzen, sie wusste, dass sie beobachtet, aufgefressen wurde von den Blicken ihrer einstigen Verehrer und des neuen Freundes.

Paolo nahm mehr Einzelheiten wahr, Paolo hielt sich auch an Bewegungen und an den Formen fest, die der Körper und die Stimme annahmen.

Federico nicht, Federico war woanders, Federico war bei seiner verpassten Hochzeit mit Arianna. Er wartete am Altar auf sie, dort in der kleinen Kirche der Assunta, zwischen dem Gemälde des heiligen Francesco von Paola und der Statue des heiligen Pantaleon, dreißig Meter von der Stelle entfernt, wo sie jetzt waren. Federico brachte den ganzen Abend über nur wenige Worte stotternd heraus, er versuchte sich bewusst zu machen, dass Arianna diesen grauen Ingenieur erwählt hatte, der nicht schwimmen konnte. Ihr Pech. Ihr Pech, sagte er sich mehrmals. Sie wird immer ohne ihren Mann ins Wasser gehen müssen. Allein im Meer.

Die Luft war zum Ersticken, aus dem Ventilator kam bloß ein Hauch wie tropischer Schirokko. Hinter dem Tisch lag die Brüstung aus Stein und draußen eine *pajara*, die Arianna mit Geschichten aus der Kindheit füllte: »Dort drinnen haben wir als Kinder gespielt, dort habe ich zum ersten Mal geküsst«, und alle riefen: »Wen, wen?« Dieses mehrmalige *wen?* wurde in unterschiedlichem Tonfall ausgesprochen, mürrisch und verärgert bei ihrem neuen Gefährten. Verzweifelt bei Federico und Paolo. Aber sie antwortete nicht. Der Abend flog im Malvasier von Salice und im Gebäck aus Sant'Oronzo dahin. Der Mond kam heraus, und der Nebel mit seiner Feuchtigkeit stieg in die Höhe. Die Abendluft war klar geworden. Dank des grellen Mondlichts sah das Meer hinter der *pajara* und den Olivenbäumen sich endlich wahrgenommen. Arianna plauderte, und dort unten brüllte die Adria.

Es gibt ein Detail in dem Abend in Marina Serra, das in diesem Bericht ausgelassen wurde. Eine Nachricht, die Arianna vorgab nicht zu hören, die sie von sich abschüttelte wie die Blicke von Federico und Paolo, die den ganzen Abend lang auf ihr geruht hatten.

Der Wein war in die Eingeweide gesunken, war durch die Adern geflossen und hatte das Herz erwärmt, es auf alle Arten von Geheimnissen vorbereitet. Da war Paolo plötzlich mit einer vertraulichen Mitteilung herausgeplatzt: »Ich glaube, Ippazio ist im Ort.« Dann aber hatte er das Eis gesehen, das sich über die Tafel legte, ein Schauder, der auch ihn schüttelte bis zur Übelkeit, und hatte die Hand schnell zurückgezogen.

Als Arianna mit Marcello allein zurückblieb, sah sie sich mit Fragen überschüttet.

»Warum erkundigst du dich nicht nach ihm?«

»Ich will nichts wissen von diesem Mann.«

»Aber er ist dein Vater. Ich verstehe das nicht.«

»Geh du ihn doch kennenlernen.«

Ihre Antwort war schroff. Wer weiß, ob ihre Mutter es schon erfahren hatte. Eine drückende Stille entstand, sie dauerte wohl nur wenige Sekunden. Aber sie erschien sehr viel länger.

»Bringst du mich morgen früh zu Mama?«

Nur in der Kindheit bildet man, wenn man einsam aufwächst, bestimmte Fähigkeiten aus. Mimi hatte ihre Fähigkeiten als kleines Mädchen entwickelt, wenn sie sich ganze Nachmittage lang darin übte, mit der Natur zu sprechen und sich eine unermesslich große, wohlwollende Welt vorzustellen, zu der sie gehörte, ein in die natürliche Ordnung der Dinge passendes kleines Teilstück. Sie übte, wenn sie unter ein Bett kroch und versuchte, den Vorfahren zuzuhören.

Mimi wusste es noch nicht, aber sie fühlte bereits, dass Ippazio, ihr Pati, wenige Meter von ihr entfernt war.

Als sie an diesem Morgen Arianna erblickte, in einen ockergelben Pareo gehüllt, offenbar war sie mit dem erstbesten Kleidungsstück, das sie aufgelesen hatte, aus dem Haus gegangen, und das Gesicht mit einem vorwurfsvollen Ausdruck bleiern verschattet, begriff sie, dass ihre Tochter der Bote einer Nachricht war, auf die sie schon immer gewartet hatte.

»Was tun wir jetzt?«

»Dein Vater wird niemals den Mut aufbringen, sich bei uns zu melden.«

»Warum ist er dann hergekommen, um hier zu leben?«

»Ich fürchte, dieses Mal weiß ich es.«

Mimi stellte sich vor, dass der Asbest ihn auffraß wie alle seine alten Kollegen und dass er beschlossen hatte, nach Hause zurückzukehren, um in seiner Heimat zu sterben, weil seine Geister ihn riefen, dieselben, denen Mimi zuhörte, wenn sie unter einem Tisch hockenblieb.

Doch auch wenn sie es dachte, Arianna konnte sie es nicht erzählen, sie konnte es niemandem erzählen.

Die beiden verabschiedeten sich mit einer Umarmung wie früher, wenn Arianna für die langen Wintermonate nach Rom zurückfuhr. Sie sahen einander in die Augen und suchten ihr zaubermächtiges Einverständnis, ihre ineinander verwickelten Lebensgeflechte.

»Wir schlafen drüber, die Nacht wird uns helfen.« Der Schlaf also, aber auch ein Traum, eine Vorwarnung.

Pati war aus geheimnisvollen Gründen in Tricase. Ein Verstorbener in der Verwandtschaft, eine zu verteilende Erbschaft, alte Familienmitglieder, die er wiedersehen musste, eine Hochzeit, oder das, was Mimi fürchtete, die Asbestose. Sie konnte die Gründe für Ippazios Anwesenheit nicht kennen, aber nachdem sie eine Nacht darüber geschlafen hatte, traf sie ihre Entscheidung: ihn suchen und ihm eine Frage stellen, die für sie seit vielen Jahren unbeantwortet war.

Sie erreichte die Küste über die Schnellstraße, die die steilen Felsen zwischen dem Hafen und Funnuvoiere in zwei Teile spaltete. Mit eingeschalteten Warnblinkern parkte sie mitten auf der Straße, so dass sie einen großen Teil der Fahrbahn besetzte, wie eines der Autos der fahrenden Händler, die sich an den Tagen von Mariä Himmelfahrt hier in Stellung brachten.

Arianna stand auf der Veranda des Häuschens am Meer. Der Freund schlief, versunken in einem Liegestuhl, eine Zeitung über dem Gesicht. Man sah seine langen behaarten Beine, die schwieligen Füße, die gelb angelaufenen und von jeglicher Pflege weit entfernten Fußnägel. Entsetzen packte Mimi bei dem Gedanken, dass dieser Mann der Geliebte ihrer Tochter war. Sie vertrieb den Gedanken wie einen bösen Traum, einen Schauder, sie spürte, dass ein Sinn für die Ästhetik der Dinge in ihr zerbrach. Auch als Arianna mit geschorenem Kopf angekommen war, hatte sie den Bruch mit einer inneren Ordnung, mit den Regeln der Schönheit verspürt. Schönheit liegt im Verhalten, die Anmut im Umgang mit Mängeln.

Dann dachte sie bei sich, dass keiner ihrer Männer es je zu einem derartigen Verfall hatte kommen lassen, kein Mann in ihrem Leben hatte sich erlaubt, von der tadellosen Kontrolle aller Verhaltensweisen bis zur größten Nachlässigkeit zu verwahrlosen. Wenn Männer nicht auf der Höhe ihrer Fähigkeiten waren, trennte sich Mimi von ihnen. Gerade noch rechtzeitig, bevor sie sabbernd und schnarchend mit einer Zeitung über dem Gesicht in einem Liegestuhl versanken.

Unter der weißen Sonne des frühen Nachmittags erschienen Mimi und Arianna vollkommen identisch, zwei beseelte Wesen, die nur durch ihre Nähe unterscheidbar wurden, die dunklere Hautfarbe der Tochter gegen Mimis hellere, doch sah man die Biegungen ihrer Wirbelsäulen, ihre parallel verlaufenden Gesichtsachsen, ihre entschlossenen Bewegungen, ihre befreiten, großflächigen Stirnen, die zu einem Pferdeschwanz gebundenen Haare, stammten sie von demselben Planeten.

»Ich will Pati sehen«, sagte Mimi und betonte die Silben des Namens, als wäre ihre Tochter eine Freundin oder eine Fremde.

»Warum?«

»Ich will hören, wie er mir ins Gesicht sagt, dass er sich ein anderes Leben aufgebaut hat, ich will ihn sagen hören, dass er nicht den Mut hatte, dich großzuziehen.« Mimi war fünfzehn Jahre alt, ihr fehlte die Durchsetzungskraft, Fragen zu stellen, bis sie erschöpfend beantwortet waren.

»Ich habe Angst.«

»Wovor?«

»Dass alle unsere Gespenster zurückkommen, die aus der Zeit, als ich ein kleines Mädchen war; ich habe keine angenehmen Erinnerungen an meine Kindheit, ich war einsam.«

»Einsame Kinder entwickelten magische Kräfte, Arianna.«

»Mama, deine Verschrobenheiten haben mir immer Angst gemacht.«

»Ja, Angst, du hast Angst vor Gespenstern, vor Verschrobenheit, Arianna, aber vielleicht ist es besser, ein paar Ängste mehr zu haben, dafür aber auch unseren Herzen ein paar Antworten geben zu können.«

»Gut, dann bring uns diese Antwort, aber wenn sie zu böse ist, lass mein Leben damit in Ruhe.«

»Natürlich, ich verspreche es dir. Sag einen Wunsch.«

Arianna dachte nach, eine lange Kette aus Augenblicken in einer erwartungsvollen Stille, dann, mit plötzlich leuchtenden Augen:

»Nimmst du mich mit zur Santa Domenica? Deiner Heiligen?«

Fünfzehn Jahre waren seit der Nacht des heiligen Rochus in Torrepaduli vergangen, verändert waren die Verhältnisse, die Körper, der Blick, die kurzfristigen und langfristigen Pläne. Auf einer Bahn gibt es jedoch auch immer etwas Unwandelbares.

Mimi fühlte sich wie in einer Zeitmaschine, einem komplizierten Gerät, in dem ganze Teile der Vergangenheit bereist und beobachtet werden konnten, sogar einen Augenblick lang mit demselben Geist wiedererlebt wie in der Zeit, in der sie geschehen waren. Daran dachte sie, während sie mit Arianna, Biagino und Marcello, dem neuen Freund ihrer Tochter, im Auto auf dem Weg zu der Heiligen war. Der Mann fuhr die Familie Orlando, die Überlebenden von Zürich, nach Scorrano. Ariannas Wunsch ging in Erfüllung: beim Patronatsfest der heiligen Domenica dabei sein, ein Wunsch, der Mimi überrascht hatte, sie aber glücklich machte.

Keiner von den vieren konnte wissen, wie sehr das Fest der heiligen Domenica sich in fünfzig Jahren verändert hatte, seit der Zeit, als Antonio und Rosanna Orlando mit einer *littorina*, die es heute nicht mehr gab, auf das Fest gefahren waren. Die Menschenmenge war vielleicht ungeordneter als damals, dennoch blieben die Leute auch jetzt still und fast unterwürfig, während die Lichter darauf warteten, angezündet zu werden. Dies war der eindrucksvollste Augenblick, Mimi hätte den Atem ihrer unbekannten Nachbarn spüren können, die mit ihnen in einer der Seitenstraßen auf das Anzünden der Lichter warteten. Bis auf die Piazza kam man nicht, von ferne sah man ein Stück des Pavillons, der riesigen Bonbonniere aus Lichtern, in deren Innerem die Musiker soeben Platz nahmen. Sie würden eine Auswahl der Lieder von Mascagni spielen, der Musiker war sehr beliebt in Scorrano, es hieß, er sei einmal zum Beten hierhergekommen, als er in Cerignola in Apulien gelebt hatte. Marcello und Arianna hielten sich eng umschlungen, er gab ihr nervöse Küsse auf die Haare, sie standen am Rand des Bürgersteigs auf Zehenspitzen. Biagino war schweigsam, suchte nicht nach Freunden, mit denen er Saufgelage abhalten konnte, sondern wartete auf die ersten Lichter und die ersten Klänge, die das Aufflammen der Lichter begleiten würden.

Drei konkurrierende Firmen hatten die Straßen untereinander aufgeteilt, der Corso war einem Betrieb aus dem Salento überlassen worden, die anderen beiden, fremden Firmen beleuchteten die restlichen Straßen, die auf der Piazza zusammenliefen. Es war vollkommen dunkel, nur noch wenige Minuten bis Mitternacht, man hörte Kinder schreien, hier und da Gelächter, Mobiltelefone wurden über die Köpfe der Menge gehalten, um Licht zu spenden. Dann setzte die Musik ein, eine feierliche Ouvertüre, gleich darauf das *Nessun dorma* aus Puccinis *Turandot*, Mimi bekam eine Gänsehaut. Der Himmel leuchtete von blauen Feuern, und die erste Straße erstrahlte im Licht, die Lämpchen bildeten ein Spektrum aus Blautönen, blendend hell wie der Schweif eines Kometen. Nach der *Turandot* kehrte das Dunkel zurück, die Musik verklang und die Feuerwerke erloschen, in Erwartung der nächsten Lichterreihen, die sich entzündeten. Auch dieses ein großartiges Schauspiel, aber nicht so wie das erste. Mimi stiegen Tränen in die Augen, wieder erklang eine mächtige Ouvertüre, doch es war eine elektronische Musik, das Feuerwerk war kürzer, präziser, die Explosionen zeichneten ein Herz an den Himmel, einen Kreis mit den Schrägstrichen einer kleinen Sonne der Zukunft.

Sie nahm Biaginos Arm und sagte ihm ins Ohr: »Das ist alles so schön, warum sind wir nie hierher gefahren?« Der Bruder antwortete nicht, aber er sah ihr in einem der Momente, in denen die Luft sekundenlang weiß wurde, in die Augen. Es war ein urzeitlicher Blick aus den Raubtieraugen eines Geschöpfs, das sich in einem anderen Vertreter seiner Gattung erkennt, das vage und sehr tiefe Einvernehmen, das die Geschwister Orlando seit jeher verband.

Dann flammten die letzten Lichter auf, ungeheure Fontänen aus Licht funkelten rubinrot, gelb und grün, glitzernde Steine am Horizont des kleinen Ortes, der jetzt von der stürmisch vorgetragenen Musik Mascagnis durchbraust wurde. Die Menge setzte sich in Bewegung, um zwischen den beleuchteten Giebeln und Gerüsten, die die Nacht zum Tag machten, umherzuwandern. Fünfzehn Jahre seit der Nacht des heiligen Rochus war es Mimi gelungen, das, was sie als ihre Familie ansah, zusammenzuhalten.

»Marcello hat keine Lust mehr«, sagte Arianna.

Mimi war schockiert.

»Du bist wirklich ein Stadtmensch«, rief sie verärgert aus.

Sie waren auf dem Rückweg und suchten das Auto, Arianna und Mimi fanden sich in der Menge Seite an Seite wieder, die Tochter hatte sich diesen gemeinsamen Abend so sehr gewünscht, es war die beste Weise, ihre Zustimmung zum Treffen mit Pati auszudrücken.

Sie stiegen ins Auto, ließen die Umgehungsstraße hinter sich und landeten auf der Schnellstraße Maglie–Leuca, im Hintergrund ahnte man schon den Himmel über dem Meer. Als sie in Lucugnano ankamen, war es zwei Uhr nachts. Das Viertel schlief. Sie standen auf der Türschwelle, Biagino sagte allen gute Nacht, da fragte Arianna: »Kommst du mit uns ins Gibò tanzen?« Marcello blickte seine Freundin böse an. Mimi wäre gerne mitgekommen, das Gibò war eine Diskothek auf den Klippen ganz nah beim Ciolo, dem Felsen, wo ihre Tochter waghalsige Kopfsprünge gemacht hatte, wo auch sie ins Meer gesprungen war, wo sie ihre leidenschaftlichsten Partien Kicker gespielt hatte, wo sie Männer geliebt hatte. Aber sie spürte, dass es nicht angebracht war. Sie verzog das Gesicht zu einem Ausdruck, der besagte, ich würde gerne, aber ich kann nicht. Nur Arianna konnte sie verstehen.

Er, der Schweizer, der Ex-Junge mit dem Namen des Schutzheiligen, streifte jeden Tag um die Guardiola herum, eine Badestelle in den Klippen, eine unwegsame, felsige Bucht, wo die Badenden sich tummelten, die aus Corsano und Gagliano kamen, den Städtchen der Krawatten. Es gab nur eine Bar auf einer Felsspitze und zwei Pfade. Einer, staubig, von Brombeerbüschen und Feigenkakteen gesäumt, führte hinunter ans Meer, der andere war eine Mondlandschaft, kahl, nur von ein paar jungen Feigenbäumen mit dünnen, nicht ausgewachsenen Stämmen bewohnt, und diesen Pfad schlug fast niemand ein, denn er führte nach oben auf die Klippe. Die Leute gingen lieber über den anderen Pfad hinunter zum Wasser, nur wenige Verwegene kletterten auf diesen sehr hohen Gipfel, ein Sprungbrett über dem blauen Vorhang des Meeres.

Mimi ging nicht allein zu dem Treffen, sie ließ sich von Biagio und Arianna begleiten. Sie ahnte, dass sie eine Begegnung mit traurigem Ausgang ohne einen Menschen an ihrer Seite nicht ertragen hätte. Ihren Empfindungen in der Nacht der heiligen Domenica getreu, hatte Arianna jedoch beschlossen, in großer Entfernung auf Mimis Rückkehr zu warten.

Die Hinweise aus dem Ort, denen zufolge Ippazio sich bei der Guardiola aufhielt, machten Mimi misstrauisch. Nach dem Wenigen, woran sie sich aus den Nächten in Zürich erinnerte, die sie vor vielen, vielen Jahren in den Armen ihres Jungen, den Kopf auf seine Brust gelegt, verbracht hatte, war Ippazio nicht der Typ, der auf Berggipfel stieg und die Wellen betrachtete, die sich an den Klippen brechen. Er war der Typ für Sprünge ins Wasser, für einen gebeugten Kopf, der in den weißen Schaum des Meeres eintaucht.

Auf dem Schotterplatz angekommen, verteilte Mimi präzise Aufgaben. Biagio sollte zum Meer hinabsteigen, um zu erkunden, ob Pati dort unten war, während sie mit Arianna auf den roten Plastikstühlen der Bar warten würde.

Biagio lief los, einen *soldatino* Bier in der Hand, den Inhalt der von der Sonne erhitzten Flasche konnte niemand anderes hinunterstürzen als er.

Er verschwand zwischen den Steinen und Agaven, in ein paar Minuten, dachte Mimi, würde er wieder an der Weggabelung auftauchen.

Aber Biagio kam nicht zurück.

Arianna und Mimi hatten schon zwei Colas und zwei Chinotto getrunken. Der Barmann hatte ihnen gesalzene Mandeln gebracht, der späte Vormittag war zum frühen Nachmittag geworden.

»Biagio hat mal wieder einen seiner Aussetzer«, sagten sie sich, aber keine von beiden konnte hinuntergehen, Arianna nicht, weil es ihr übertrieben erschien, und Mimi hatte keine Lust, ihn zu suchen.

»Umso besser! Er wird raufkommen, dann treffe ich ihn zufällig wieder«, wurde zur wünschenswertesten Vermutung. Der Zufall.

Arianna war das Zögern ihrer Mutter bald leid, jetzt wollte sie doch nachschauen gehen, Neugier vermischt mit Ungeduld gaben den Anstoß, aber Mimi hielt sie zurück. Dann bekam sie plötzlich keine Luft mehr, sie hielt es nicht aus, sie musste hinaufsteigen, den Pfad Richtung Himmel nehmen: Ein Geist hatte es ihr gesagt.

Fast einen Kilometer weit kletterte sie das Kliff hinauf, in ihren weißen Pareo gewickelt, auf dünnen Holzsandalen, die mit Merkurflügeln versehen schienen.

Oben gab es einen kleinen Platz aus Sand und Stein, in der Mitte, wo der Horizont am weitesten war, saß ein Mann auf einem mit Stoff bespannten Stuhl mit einem weißen Hütchen auf dem Kopf.

Dort oben sollte Mimi nach Jahrhunderten Pati wiederbegegnen.

Ippazio hatte noch immer die Haut eines Inders. Er war dunkel wie Baumrinde, seine Augen traten jetzt hervor wie die einer Schlange, der Körper war abgemagert, und der Kopf schien unabhängig vom Rest des Körpers Form angenommen zu haben. Pati hatte gelernt, Gitarre zu spielen, er war krumm und klein geworden wie ein alter Mann, obwohl er nicht alt war.

Seit Monaten war Ippazio ein ständiger Besucher der Guardiola, bis zum Meer war er nur selten hinuntergegangen, fast immer war er allein auf die Felsen rings um die Bucht gestiegen, und dort hatte er seine Tage verbracht. Mimi ging noch immer in den Diskotheken ihrer Tochter tanzen, und Ippazio lebte wie ein Pensionär. Schon das war ein großer Unterschied.

Mimi ging an dem Mann vorbei bis an den Rand der Schlucht, aus dem Augenwinkel versuchte sie so viele Einzelheiten wie möglich zu erspähen.

Der Mann schien nicht bemerkt zu haben, wer da an ihm vorbeigegangen war. Er grüßte höflich.

»Ist Ihnen nicht zu heiß?«, fragte Mimi, während sie aufs Meer hinausblickte, ohne sich umzudrehen.

»Ich schaue mir gern das Meer an, aber nur von hier.«

»Können Sie nicht schwimmen?«

»Ich bin geschwommen bis ich zwanzig war, jetzt habe ich Angst, ins Wasser zu gehen.«

»Sie haben Angst hineinzuspringen?«

»Nein, ich habe Angst, nass zu werden.«

Es war unglaublich, Ippazio hatte dieselbe Stimme wie

vor dreißig Jahren, aber Mimi war nicht wiedererkannt worden. Sie fühlte sich überschwemmt von Traurigkeit, ihr schwindelte, sie wusste nicht, wie ihr geschah, ein Mann ohne jede Intuition des Gefühls, dachte sie.

Sie stand mit dem Gesicht zum Meer, ihr Rücken war dem sitzenden Mann zugewandt.

»Entschuldigen Sie bitte, darf ich Ihnen eine, sagen wir, persönliche Frage stellen?«

»Ja.«

»Sie sind nicht von hier?«

»Ich bin hier geboren, aber in der Schweiz aufgewachsen.«

»Arbeit?«

»Arbeit.«

»Liebe.«

Das dachte Mimi, aber sie fragte nicht danach.

»Familie.«

Auch das fragte sie nicht.

Sie beendete ihr Verhör. Fragte, wie er heiße. »Ippazio, aber Sie können mich Pati nennen«, gab er ihr das Stichwort ihrer ersten Liebe zurück.

»Ein schöner Name, hätten Sie Lust, mit mir schwimmen zu gehen, Pati?«

»Das ist sehr schmeichelhaft, eine junge Frau, die mich bittet …«

»Vielen Dank für die junge Frau, Pati, Sie sind nett.«

»Ich kenne Ihren Namen nicht.«

Mimi drehte ihren Oberkörper dem geschrumpften, in einem Strandstuhl zusammengekauerten Mann zu.

»Ich bin das Mädchen, das dich zum ersten Mal Pati nannte. Domenica, aber du hast mich Mimi genannt.«

Die rätselhafte Angst, die Pati vom Meer fernhielt, war eines der vielen Geheimnisse in dieser Geschichte.

Und nur eine Frau hätte eine Ausnahme gestatten können.

Eine Ausnahme vom panischen Schrecken.

Mimi und Pati hatten sich wiedergefunden, aber eher wie zwei alte Freunde als wie zwei Liebende, die sich unter schwierigen Umständen geliebt hatten, ein Mädchen gezeugt und einander dann verloren hatten.

Sie sprachen über ihre Arbeit, das Leben in der Schweiz und den Lauf der Ereignisse im Salento. Sie kauften Badesandalen, dann erblickten sie das Gerippe aus Plastik und Gummi einer Luftmatratze, das der Länge nach an einer Wand lehnte.

Beim Aufblasen wechselten sie bissige Bemerkungen: »Alter Tattergreis, du kannst ja nicht mal mehr eine Luftmatratze aufblasen.« »Von wegen, ich bin schon fertig, das Ding sieht aus wie du, völlig platt.« Sie gingen bis zu einer ruhigen Bucht, in der auch Kinder badeten, wo Pati unbesorgt sein konnte. Mimi schickte Arianna eine Nachricht.

»Mission wird gerade ausgeführt …«

Antwort von Arianna: »Onkel total betrunken, hält Kundgebungen ab.«

Pati war ein verletztes Tier, keuchend lag er steif wie ein vom Blitz erschlagener Toter auf der Luftmatratze und starrte in den blauen Himmel.

Mimi schleifte ihn ins Wasser, erst so weit, wie er noch Boden unter den Füßen hatte, dann weiter hinaus bis ins tiefe Wasser. Pati wurde blass.

»Ich habe Angst.«

»Seltsam«, bemerkte Mimi ironisch.

»Was soll das heißen?«

»Ich habe dich immer für einen mutigen Jungen gehalten.«

»Das war ich vielleicht auch, aber jetzt bin ich ein alter Mann, der sich vor allem fürchtet.«

»Du wohnst wahrscheinlich umgeben von Stacheldraht und Wachhunden.«

»Vor Dieben habe ich keine Angst.«

Mimi verschwand im Wasser. Der smaragdgrüne Spiegel bildete einen Strudel, in dem das ewige junge Mädchen im schwarzen Badeanzug und den langen, feinen Tentakelhaaren sich verflüchtigte.

Ein Schwall Bläschen stieg an die Meeresoberfläche. Mimi war nicht mehr da.

Unendlich lange Sekunden verstrichen.

Pati drehte sich nach beiden Seiten um und sah, dass das Meer reglos war, die Wellen nur angedeutet, das Ufer weit weg. Die Panik der Ozeane. Der Schwindel, den die einsamen Weltumsegler verspüren, das Magellan'sche Gefühl der Verlorenheit, blankes Entsetzen, aber ohne Sinn für das Grandiose, nichts als die grausige Erwartung eines Abgrunds aus Angst.

Pati wurde noch bleicher, seine Stimme gellend, verzweifelt, die Stimme eines Kindes, weinerlich der Tonfall. »Mimi, wo bist du?« verwandelte sich in »Hilfe, Mimi!«

Zwei Minuten vergingen.

Endlose Minuten.

Es war kein Spaß.

Das Meer hatte Mimi verschluckt.

Nein, Mimi tauchte am Kopfende der Matratze wieder auf, konzentrische Kreise wie das Netz einer Tarantel öffneten sich rings um ihr Gesicht, als sie nach Luft schnappte, sie atmete durch den Mund ein, dann tauchte sie wieder unter die Wasseroberfläche.

Pati merkte nichts davon. Panik ließ ihn erstarren.

Die Zeit vervielfachte sich, Mimi erschien abermals, während Ippazio zusammengekrümmt vor sich hinweinte.

»Wieder einmal hast du dich zur anderen Seite weggedreht«, sagte Mimi. Sie atmete durch den Mund und schüttelte ihre nassen Haare, eine Wolke aus kleinsten Wasserteilchen versprühend.

»Pati, du kannst schwimmen, das weiß ich, aber du hättest mich auf dem Grund des Meeres gelassen.«

Der Mann blieb stumm, es war ein alter Schock, eine Empfindung nach dem Muster früherer Ereignisse, die im Gedächtnis aufgewühlt worden waren. Da war die Fabrik, da waren die Laufstege über dem Meer aus Zement, da war Herr Thaur mit seinem zur Karikatur gebrochenen Italienisch, der die *terroni* zur Ordnung rief, und da waren die Krokydolithwolken, die zum Himmel aufstiegen, der Teig aus Blauasbest, in den Ippazio sein unsicheres und verzweifeltes Lächeln zeichnete.

Von all dem ahnte Mimi einen millionsten Teil, aber sie ahnte ihn, und zu erkennen, wie bedeutsam er war, half ihr, ein wenig Mitleid in ihrem Inneren zu finden. Mitleid mit dem vor Angst gelähmten Mann, der sich geweigert hatte, sie zu retten. Doch wie viel Mitleid konnte sie noch aufbringen? War der Vorrat an diesem Gefühl, den sie über jene Jahre hinweg angelegt hatte, groß genug, um ihn in die Tat umzusetzen? Mimi wurde zerrissen zwischen Mitleid und einer unbekannten Wut, es war vielleicht Letztere, die überwog und sie etwas tun ließ, was sie nicht eine Sekunde im Voraus geplant hatte: Sie kippte die Matratze um.

Wenn es darum geht, einem Kind das Schwimmen beizubringen, lassen manche Eltern den geliebten Sprössling einfach einen Moment lang allein im Wasser. Mimi wurde als kleines Mädchen mit einem dünnen Seil um den Bauch ins Wasser geworfen, so prüften die Eltern Rosanna und Antonio ihre Konstitution und Eignung für das Meer. Nur wenige Kinder versinken wie Steine, in den meisten Fällen kehrt, wenn man jäh den Boden unter den Füßen verliert, unverzüglich jene Fähigkeit zum Schwimmen zurück, die man als unbewusst im mütterlichen Fruchtwasser schwimmender Fötus besaß.

Es ist nur ein Augenblick, aber genau der Moment muss getroffen werden, in dem das Gedächtnis den idealen Zugang findet, die Verbindung mit der Fähigkeit, die verloren war und sich plötzlich unversehrt wieder einstellt. Eine Fremdsprache, die man als junger Mensch sprach, ein Dialekt, der aus lang vergangener Kindheit zurückkehrt, das Gleichgewicht auf den zwei Rädern eines Fahrrads, auf dem Rücken im Meer liegen, schwimmen.

Kein Seil war um Ippazios Bauch geschlungen, aber dafür war Mimi da.

Pati verschwand im Wasser, tauchte stocksteif wieder auf, seine Hände wirbelten über der Oberfläche, erzeugten einen weißlichen Hof, dann begann er, auf das Wasser einzupeitschen, sein Schwerpunkt war nicht ausbalanciert, er kippte kopfüber, sank unter die Oberfläche, kam wieder zum Vorschein, versank jedoch erneut. Die Luftmatratze trieb aufs Meer hinaus, Mimi schrie, aber Pati hörte nichts als in Watte vergrabene Worte, unmöglich, irgendein Geräusch zu unterscheiden. Auf die wattegedämpften Geräusche folgte ein Dröhnen, dann Stille, Wasser war ihm in die Ohren gedrungen, vielleicht auch in die Lungen, doch seine steifen Beine zappelten, an einem sehr weit entfernten Ort seines Gedächtnisses öffnete sich der Zugang zur verlorenen Fähigkeit, er erinnerte sich, dass die Beine beim Schwimmen nicht zappeln dürfen, sondern treten müssen, und er trat, unregelmäßig.

Aber es ging nicht gut.

Mimi kam auf ihn zu, war wenige Zentimeter neben ihm: »Spreiz die Beine und schließ sie wieder, nicht so angestrengt, bist doch kein *vagnunceddu*, kein kleiner Junge.« Es waren die ersten Worte, die Pati hörte, seit er im Wasser war. Mimi hob ihn hoch, er atmete Sauerstoff, bewegte die Beine, wie ihm gesagt worden war, der Körper blieb unter Wasser, aber der Kopf kam heraus, das Gesicht kam heraus, »Ich lebe«, dachte er. Es dauerte noch einen Augenblick. Dann bemerkte er das Wunder.

Er schwamm.

Zwei Stunden waren vergangen, seit Ippazio und Mimi zum ersten Mal zusammen geschwommen waren. Sie hatten eine gute Bahn genommen, eine glückliche Strecke, angereichert mit spitzen Schreien und Seufzern. Wütende Schwimmstöße, weil die Luftmatratze im Meer verschollen war, aufreibendes Geschrei wie von Kindern, die zum ersten Mal im Wasser toben. Pati glich einem Irren, die Augen traten ihm aus den Höhlen, übersät mit blauen Flecken und Schürfwunden kam er bei den Klippen aus dem Wasser, weil ihm die Anmut und die Übung fehlten, um am richtigen Stein hochzuklettern. Die Rammsporne des Gesteins hatten ihn zerschnitten wie einen Neuling, der zum ersten Mal von einem Felsenriff aus ins Wasser springt.

Auf einer Anhöhe trockneten sie sich ab, bei einer Sonne, die größer, zu einem roten Ball vor dem Himmelsvorhang geworden war. Der Sonnenuntergang trug den Tag und alle Gefühle mit sich fort. Als Mimi die Schnitte auf seiner Brust und seinen Armen sah, verspürte sie große Lust, sie zu lecken.

Noch hatte keiner den anderen nach Liebschaften, nach dem Familienleben gefragt, Ippazio hatte nicht nach Arianna gefragt.

Sie fanden sich auf dem Saum der Klippe wieder, während es um sie herum zu dunkeln begann und ein weißer Mond langsam seinen Platz einnahm.

Bei jedem Paar gibt es einen Verhaltenskodex, es sind viele Regeln mit tausend Nuancen. Doch es gibt auch ein Rollenregister, das sich von selbst schreibt, ein Drehbuch, wo die Rollen des Opfers und des Henkers, der Randfigur und des Helden, des Verständnisvollen und des Unverstandenen in einer diagonalen Bahn alltäglicher Verhaltensweisen aufeinanderfolgen. Das Wunder zwischen Pati und Mimi vollzog sich auf dieser Frequenz, an dem abgelegenen Ort, wo Verhaltensweisen äußerlich unergründlich, verrückt oder manchmal sogar idiotisch erscheinen können. Und in diesem unverzichtbaren Recht auf wechselseitige Dummheit verbarg sich ein Wunder. Mimi zog eine Packung Streichhölzer aus der Tasche, die sie in dem kleinen Laden oben auf der Klippe gekauft hatte, wo sie die Luftmatratze aufgeblasen hatten. Sie zog eines heraus und strich es an. Das winzige Licht zeichnete ein neues Gesicht, ein Gesicht, das nur wenige Sekunden andauerte, ein Gesicht voller Furchen und Halbschatten, es war Patis Gesicht, ein Gesicht voller Schwärze. Die Dunkelheit der Augenhöhlen, der Nasenflügel, des Vorsprungs der Oberlippe, die die Krankheit hervortreten ließ. Streichholz für Streichholz entdeckte Mimi Ippazios Gesicht, das gründlich zu betrachten sie nie den Mut gehabt hatte. Sie machte ihm einen Vorschlag.

»Spielen wir ein Spiel?«

»Mit den Streichhölzern?«

»Ja. Ich zünde eins an, und solange es brennt, kann ich dir Fragen stellen, im Dunkeln gibst du mir eine Antwort.«

»Warum?«

»Wir sehen uns nicht und sind vielleicht gelassener.«

»Einverstanden.«

»Aber unter einer Bedingung, Pati. Wenn du mir eine Frage stellst, dann tust du das rücksichtsvoll.«

»Versprochen.«

»Es ist wie das Wahrheitsspiel, aber es ist unser Wahrheitsspiel.«

Wo Feuer ist, da sind Pati und Mimi.

»Wann hast du in der Fabrik aufgehört?«

Vom künstlichen Licht der Streichhölzer beleuchtet, trafen sich ihre Blicke, und Ippazio fing an zu erzählen.

Einzelheiten aus Erinnerungen kehrten zurück, Abschnitte seiner Geschichte, die sich in verdrängten Gegenden abgelagert hatten und jetzt wie eine alte Aussaat, die endlich ihre Früchte trägt, aufblühten.

Pati wusste genau, dass man in der Fabrik starb, dass der Zement Gift war, doch mit neunzehn Jahren schläfst du eine Nacht drüber, und am nächsten Tag bist du wieder wie neugeboren. Er war weggegangen, weil er ihn gesehen hatte, einer der vielen möglichen Tode hatte sich in seinen Augen eingeschrieben, der Mann, der in den Zement gefallen war, hieß Giacomo. Und er kam aus Kalabrien.

Der Kopf eines Streichholzes glühte auf, wurde zu einer Flamme, die sich in eine silberne Wolke verwandelte. »Pati, ich kann nicht glauben, dass du so etwas getan hast«, seufzte Mimi besorgt.

»Nein, warte, es ist nicht so, wie du glaubst, er war keiner von denen, die in der bewussten Nacht nach dir gesucht haben. Ich habe diesen Jungen nur an dem einen Abend gesehen, an dem er im Zement verschwand, aber im Unterschied zu uns allen ist er in drei Sekunden gestorben, es ist ihm erspart geblieben, sich selbst so verfallen zu sehen. Ich habe diesen Jungen sterben lassen, auf dem Laufsteg, über den wir gingen, gab es eine lose Stelle ohne Bolzen, auf die man unter keinen Umständen treten durfte. Während der Schichten war immer ein Vorarbeiter da, der vor der Gefahr warnte. Als ich hörte, wie der Junge hieß und wo er herkam, fuhr ein Teufel in mich, er zerriss mir die Brust. Ich sagte nichts von dem schadhaften Laufsteg. Er hat für alle Giacomos gezahlt, für mich stand fest, dass es eine Rache war.

Dann habe ich mit der Arbeit aufgehört, ich konnte nicht mehr an einem Ort sein, wo ich ein solches Verbrechen begangen hatte. Ein paar Monate später habe ich sogar versucht, mich auf einer Polizeiwache selbst anzuzeigen, was ich bekam, war ein Aufenthalt in einem Sanatorium für Geisteskranke. Ich lernte Gitarre spielen, machte Gelegenheitsarbeiten, und immer lief ich mit diesem enormen Schuldgefühl herum.«

Nächstes Streichholz, Licht, nächste Frage.

»Kein Schuldgefühl gegenüber deiner Tochter?«

Dunkelheit.

»Ich wollte nicht, dass Arianna denkt, ihr Vater sei ein Mörder, sie sollte nicht mit dieser Schuld aufwachsen.«

Feuer und ein Seufzer.

»Hast du all die Jahre dafür gebraucht, dir eine solche Ausrede einfallen zu lassen?«

Nach dem Hauch der Stimme kehrte die schwarze Finsternis zurück.

»Nein, das ist die Wahrheit.«

Mehr Streichhölzer gab es nicht, nur den schwachen Lichtschein am Himmel.

»Dass die Sünden der Eltern auf die Kinder zurückfallen, habe ich immer für kolossalen Schwachsinn gehalten, und du bist kein Mörder. Vielleicht kennst du die Bedeutung des Wortes nicht genau. Mörder. Ich versichere dir, dass ich den einen oder anderen kennengelernt habe.«

»Das haben mir in diesen fast dreißig Jahren alle immer wieder gesagt, aber ich glaube ihnen nicht, ich bin einer, jedenfalls habe ich mich dran gewöhnt, dass ich damit leben muss.«

»Ein Junge namens Giacomo, der nicht mal ein Bekannter von unserem Verfolger ist, fällt in den Zement, weil du ihn nicht rechtzeitig auf den Schaden in einem Laufsteg hingewiesen hast. Und das nennst du Mord?«

»Ich fühle mich schuldig.«

»Konnte nicht wenigstens ein kleiner Teil dieses großen Schuldbewusstseins dafür genutzt werden, uns zu helfen?«

»Ich kann dich nicht belügen.«

»Erzähl mir deine Version der Geschichte, Pati, ich bitte dich. Warum hast du Berto Brancaccio für mich gefunden und bist verschwunden?«

Eine außergewöhnlich schöne Dämmerung war dem Wahrheitsspiel vorausgegangen, mit Streifenwolken im weiten Farbspektrum Perlmutt, Rosa, Kirschrot. Jetzt war die Dunkelheit gekommen, die Wolken hatten ein Cyanblau und Blauviolett angenommen, wenige Sterne standen am Himmel, und Pati schien sie mit Blicken zu suchen, um kostbare Minuten zu gewinnen, um so tief wie möglich zu atmen.

»Ich habe dich geliebt, aber ich bin mit einem anderen Mädchen ausgegangen.«

»Das hatte ich vermutet.«

»Warte, es ist nicht so wie du glaubst. Sie heißt Franca, aber sie ist Deutsche. Sie hatte kein leichtes Leben. Ich habe dich belogen. Erinnerst du dich, als ich dir erzählte, ich sei gestürzt?«

»Das habe ich keinen Moment lang geglaubt.«

»Was?«

»Dass du gestürzt warst, alle wussten, dass Giacomo und seine Leute dich verprügelt hatten.«

»Aber anfangs hast du mir geglaubt.«

»Weniger als du denkst.«

»Damals lernte ich Franca kennen.«

»Du hast dich entschieden.«

»Ich habe mich für Franca entschieden. Sie war eine Frau, du ein Mädchen.«

»Aber das Mädchen war schwanger, und du hast sie Berto ausgeliefert und bist verschwunden, hast du dir eigentlich jemals bewusst gemacht, was du da tust? Hast du je darüber nachgedacht?«

Ein paar Sekunden vergingen.

Ippazio suchte mit den Augen den Horizont ab, die Streifenwolken waren verschwunden, die Sterne begannen, ihre Konstellationen zu zeichnen. »Der große Himmelswagen«, hätte er gerne gesagt, nein, geschrien. Stattdessen war er gezwungen zu antworten, strammzustehen vor dem schwerwiegendsten aller Bekenntnisse.

»Dieses Kind … ich wusste nicht … von wem du schwanger warst.«

Einen Augenblick lang dachte Mimi, sie hätte nicht richtig gehört, sie gab sich noch eine Chance, dies war die schlimmste Befürchtung, die sie gehegt hatte. Die Wahrheit, die Ippazio gleich aussprechen würde, war vielleicht die einzige Wahrheit, die aufgespart werden musste. Sie war die äußerste aller feigen Gesten. Mimi war entgeistert, zu Tode betrübt, sie spürte, wie ihr der bittere Geschmack des Adrenalins, der Erschütterung, der Wut in die Kehle stieg. In ihrer Brust zuckte ein heftiger Schmerz, eine geheimnisvolle Faser hinter der Krone der Brustwarze zog empfindliche Nerven an. Ippazio beichtete. Nach der Nacht, in der Giacomo den Schlafraum gestürmt hatte, war er unsicher, ob Mimi nicht doch Gewalt angetan worden war. Arianna war womöglich nicht das Kind ihrer Liebe, sondern dieser Gewalttat.

»Ich konnte es nicht ertragen«, stieß Pati kalt hervor, sein Blick hatte sich jetzt in einem weit entfernten Punkt verloren.

Mimi hätte nicht für möglich gehalten, dass es für die Feigheit noch eine weitere Grenze gab. Jahrelang hatte sie sich in Geduld geübt: Pati war damals erst neunzehn, ein Junge, der noch seine Schwächen hat, doch was er ihr jetzt erzählte, war die Reaktion eines gemeinen Lumpen, nicht die eines Feiglings. Wäre er nicht in Mimi verliebt gewesen, hätte sie ihm verziehen, aber er war es, das hatte sie gespürt, und sie spürte es noch immer, nach Jahrzehnten, dass etwas Heiles von ihrer Liebe geblieben war. Konnte sie einem solchen Mann von den Jahren erzählen, die sie fern von ihm verbracht hatte? Von den Geistern, mit denen sie sprach und die sie viele Male gerettet hatten? Von den Vorfahren, denen sie sich auch in jener verfluchten Nacht anvertraut hatte, in der sie unter einem Bett darauf wartete, der Gefahr entrissen zu werden?

Als Mimi von der Klippe aufstand, fühlte sie sich am ganzen Körper wund, als hätte sie stundenlang auf Knien gelegen, ihre Muskeln waren verhärtet, der Kiefer zusammengepresst wegen des schockierenden Geständnisses.

Ippazio konnte nicht aufhören zu sprechen. Es gab noch ein Stück Geschichte zu erzählen, es mussten noch mehr Streichhölzer angezündet werden. Ein weiteres Geheimnis.

Mimi war schon weit weg. Er rief nach ihr, aber sie verschwand zwischen den Steinen.

Ippazio blieb auf den Klippen zurück, doch dieses Mal war es keine Feigheit. Mimi hatte ihn gebeten zu warten, bis sie weggegangen war.

»Es ist besser, wenn du sie nicht siehst, Ippazio«, hatte sie ihm befohlen, ihn mit seinem richtigen Namen ansprechend.

Vor Abscheu konnte sie sich nicht einmal mehr vorstellen, wie er jetzt aussah. Sie hätte einen zusammengekrümmten Mann gesehen, Kopf und Blick zu Boden gewandt, einen leichten Krampf in den zuckenden Beinmuskeln, einen Angstschauder. Sie hatte ihn in der Haltung eines Besiegten zurückgelassen. Er hatte nicht die Kraft gehabt zu reagieren.

Er wollte ihr sagen, dass er Arianna gesehen hatte, als er früher ein einziges Mal zurückgekommen war, ein Kampf war es gewesen, und dass Arianna ihn vor Dutzenden Menschen zurechtgewiesen und gedemütigt hatte. Das war vor Jahren passiert, als er ein Haus mit einem großen Kastanienbaum im Zentrum von Gagliano del Capo gemietet hatte, und sie, Mimis Tochter, war gekommen und hatte ihn mit Blicken, mit einer ironischen Miene gedemütigt. Er wollte Mimi von diesem letzten Zufall erzählen. Aber Mimi war schon fortgegangen, sie hatte ihren Mann hinter sich gelassen, das Zögern, den bitteren Geschmack der Gemeinheit.

»Ich verdiene euch nicht!«, brüllte er in den Himmel, doch nicht einmal ein Hauch der Stimme kam hervor, die Lippen bewegten sich geräuschlos.

Arianna und Biagio saßen in der Bar an der Guardiola, sie warteten auf Instruktionen, die Botschaft, die von Mimi gekommen war, hatte die Tochter erstarren lassen: »Wartet auf mich, ich komme allein.«

Biagio bestellte Wein. Die letzte Flasche hatte einen defekten Korken, der Barmann verschenkte sie. Biagino jubelte.

Der Pfad, über den Mimi ging, schimmerte hell in der Nacht, als wäre er mit einem leuchtenden Pulver bestäubt. Der sehr hoch stehende Mond warf sein Licht auf die Gipfel der Guardiola.

»Komm Arianna, wir gehen weg von hier.«

Das war das Erste, was Mimi beim Ankommen flüsterte, die Tochter saß über ihr Handy gebeugt und schrieb eine SMS.

»Mama, ich schreibe dir gerade, warum bist du allein?«

»Weil es besser so ist.«

Für Arianna war es absolut nicht in Ordnung so, sie spürte den Nachgeschmack einer undeutlichen Schmach im Mund, den ganzen Nachmittag lang hatte sie auf ihren Onkel aufpassen müssen, der sie unablässig anflehte wegzugehen, »meine Schwester kommt sowieso allein zurück«, während Arianna fest daran geglaubt hatte, Mimi würde mit einem Mann wieder auftauchen, den sie sich tausendmal und immer wieder anders vorstellte. Mit jeder Minute hatte sie sich neue Einzelheiten ausgemalt, die Finger, die Füße, der Abstand zwischen den Augen, die Form der Nase. Tausendmal hatte Arianna ihre Arme und Beine gemustert, die anders waren als die ihrer Mutter, bestimmt gehörten sie zu Ippazio, sie wollte sehen, woher die Teile ihres Körpers kamen. Arianna konnte nicht mehr warten, die Zeit der Geheimnisse hatte sich erschöpft.

»Mama, raus mit der Wahrheit, was hast du ihm gesagt, warum hast du ihn nicht mitkommen lassen?«

»Weil es so besser ist …«

»Verdammt, Mama, hör auf damit, was besser für mich ist. Ich bin dreißig, fast Ärztin, und du behandelst mich noch immer wie ein kleines Mädchen … ich glaube, jetzt ist endlich der Moment gekommen, dass ich erfahre, was hier los ist.«

Sie beendete die Aufzählung ihrer Forderungen nicht, denn schon war sie auf dem Weg, auf dem ihre Mutter heraufgekommen war. Mimi rief ihr hinterher, Arianna aber stieg, erfüllt von wilder Entschlusskraft, in das Schwarz des Gestrüpps hinauf, das zum Aussichtspunkt führte. Die einzige Lichtquelle war das Display ihres Handys, ein weißlicher und grüner Schein, der ihr half, nicht zu stolpern. Es war, als würde sie von einem Elfen geführt, einem von Leuchtpulver umhüllten hilfsbereiten Kobold, außerdem war der Himmel vom Mond erhellt, einem feurigen Mond, der eine Enthüllung ankündigt.

Lauf Arianna, kümmere dich nicht um die Kratzer an den Fußgelenken und um die Nachttierchen, die dich in die Arme beißen, lass dich nicht von den winzigen fluoreszierenden Partikeln der Glühwürmchen verzaubern, lauf, bevor es zu spät ist, bevor Pati eine Dummheit begangen hat.

Arianna begegnete Pati dort oben nicht.

Es gab nur das Geräusch des schwarzen Meeres und die dunklen Umrisse eines Horizonts, der sich an den Bergen Albaniens brach.

Da kam Arianna plötzlich der Verdacht, dass Mimi sich alles ausgedacht hatte, ein Verdacht, der zum Sturm wurde, als er in ihr aufstieg, ihr die Sicht trübte und sie in ein nervöses Lachen ausbrechen ließ. Ja. Das sieht Mimi ähnlich, sie hat schon immer mit sich selbst gesprochen, gut möglich, dass sie hier oben einen ihrer Vorfahren oder einen von ihren Heiligen getroffen hat.

Arianna nahm die Schnellstraße, der Weg über den Asphalt war länger, aber so würde sie sich beim Abstieg kein Bein brechen, ein gespenstischer Anblick, so ging sie bergab, die Straße war unbeleuchtet, und die Autos, die ihr entgegenkamen, klirrten mit den Fernlichtern, noch war die Bar, wo man auf sie wartete, weit entfernt, sie war erschöpft, verstört, auch spürte sie eine unklare Traurigkeit, die sie abzuschütteln versuchte, indem sie sich auf die Dunkelheit konzentrierte. Dann das Neonlicht eines Kleinlasters, der an der Ausweichstelle eines breiten Straßenabschnitts Brötchen verkaufte. Es gab Plastikstühle, das Brummen des Stromgenerators mischte sich mit den heiseren Klängen von *Radio Venere*, dem italienischen Song einer progressiven Rockgruppe aus den siebziger Jahren, ein Mann griff nach einem Bier, das die Frau hinter der Theke ihm gerade entkorkt hatte. Arianna betrachtete ihn genauer, er war von einer krankhaften Magerkeit, die sie diagnostizieren konnte, bei ihren Praktika in Krankenhäusern hatte sie Dutzende solcher Fälle gesehen.

Es war ein Mann, dem es nicht gut ging, die vom Neonlicht hervorgehobene Farbe seiner Haut erinnerte an ausgeblichene, trockene Tonerde, der Rücken zeigte den Beginn einer Verkrümmung, doch an seiner Haltung erkannte Arianna, dass es ein jüngeres Leiden war, der Mann hatte erst vor kurzem begonnen, sich zu verkrümmen. Einzelne Haarbüschel waren von jenem strohigen Weiß, an dem man Menschen erkennt, die einen Schock erlitten haben, der Mann merkte, dass er beobachtet wurde. Arianna erkannte in ihm den Mann vom Baum des Emigranten, aber er war nicht derselbe. Er war sehr verändert, als wären Jahrzehnte vergangen. Die Hände, wie waren die Hände? Waren es noch die Hände, die der Anmut des Gesichts widersprachen? Von wegen Anmut, das Gesicht bestand nur noch aus vorspringenden Kanten, und die schwieligen Bauernhände waren schmal und knochig geworden, sie hatten jetzt sogar etwas Weibliches, sie glichen ihren, Ariannas Händen. Sie wollte etwas sagen, sie machte den Mund auf, aber ihre Spucke erstickte sie, Arianna war gelähmt.

Keiner hatte den Mut zu sprechen, Arianna war stehengeblieben, in aufrechter Haltung, ihre Brust glühte, und der Rücken versteifte sich. Pati, der die ein paar Jahre zurückliegende Szene wieder durchlebte, doch diesmal mit seiner von einem Schrecken verfinsterten Tochter, wandte sich zur Seite, dort stand ein Auto mit offener Tür, hastig und unbeholfen stieg er ein, verletzte sich vielleicht, um keine Zeit zu verlieren, um es sich nicht anders zu überlegen, das

Geräusch auf dem Schotter war ein makabres Sistrum, ein Quietschen über die ganze Schnellstraße hinweg. Aus dem Seegras auf den Klippen flogen die Wasserreiher auf. Arianna konnte es nicht glauben, er war geflohen, ihr Vater war für einen sehr kurzen Moment erschienen, und jetzt war er nicht mehr da.

Mimi lief mit ausgebreiteten Armen auf sie zu, drückte sie im Dunkel an sich, von draußen gesehen verschmolzen die beiden Haarschöpfe beim Aufeinandertreffen zu einem wirren Flaum. In einer bitteren Stille, der Kloß im Hals war erstickend groß wie ein Apfel.

Ariannas fahles Gesicht glich einer abgenutzten Maske, sie wand sich aus der Umarmung und fragte, ein steifes sarkastisches Grinsen im Gesicht: »Spielen wir noch eine Partie Tischfußball, bevor wir nach Hause gehen?«

»Du und ich?«, rief Mimi aus, verblüfft mit dem Finger auf sich zeigend, als wollte sie fragen, ob Arianna sicher sei, was sie da eben gesagt hatte.

»Ich und du.«

Biagino kam mit der Flasche Negroamaro auf die beiden Frauen zu. Arianna schüttelte ablehnend den Kopf, verschränkte die Arme und suchte mit Blicken nach dem Tischfußball, damit sie ihren Onkel nicht ansehen musste.

»Und du Mimi, trinkst du mal was mit deinem Bruder?«

Mimi ging wie durch ein dunkles Zimmer in tiefer Nacht, auf Zehenspitzen, um niemanden aus dem Schlaf zu reißen. Sie blieb vor ihrem Bruder stehen, der den abgebrochenen Korken mit einer Gabel herauszureißen versuchte. Wieder brach ein Stück ab, er drückte den Korken in die Flasche.

»Ein Wunder, er ist nicht zerkrümelt.«

»Ist der Wein noch gut?«, erkundigte sich Mimi.

»Ist gut«, antwortete Biagio, der ihn schon probiert hatte, mit einem einzigen kräftigen Schluck hatte er den Inhalt eines Glases hinuntergekippt. Seine Zähne waren nun rosa geädert, der Mund ein rubinroter Spalt. Er wollte noch eine seiner sattsam bekannten Überlegungen hinzufügen, doch schon hatte Mimi ihm den Hals der Flasche aus der Hand gerissen. Erfreut und staunend ließ Biagino sich den Wein wegnehmen, er begriff, dass seine Schwester es nicht getan hatte, um mit ihm zu schimpfen, sondern um den Wein zu trinken. Sie strich ihre Haare zurück, blickte sich nach allen Seiten um, als würde sie ein kleines Verbrechen begehen, und nahm einen Schluck, benetzte sich die Lippen, die sich schwarz färbten wie Baumrinde. Sie hielt die Flasche von sich weg, um das Etikett zu betrachten, dann führte sie es nah an ihre Augen: »Scheint gut zu sein, hast recht, Biagino«, sagte sie mit der stärksten dialektalen Färbung, über die sie verfügte. Darauf drehte sie die Flasche um und gehorchte dem Befehl eines unbeherrschbaren Bereichs in ihrem Inneren. Er befahl ihr, sich auszusetzen. Ihren Geistern und ihren Heiligen ausgesetzt zu bleiben.

Arianna beobachtete sie von weitem, sie saß mit abwesendem Blick auf einem Stein, innerlich aber brannte sie bis zu den Fußspitzen darauf, beim Tischfußball die wilde Wut auszutoben, die in ihr aufstieg. Sie erhob sich, ging zu Mimi, nahm ihrer überraschten Mutter die Flasche aus der Hand, und goss den Wein auf den Boden, auf die Erde eines von Feldblumen übersäten wilden Gartens.

Biagino starrte sie bestürzt an. Mimi antwortete ihrem geliebten Bruder.

»Sie gibt auch ihnen zu trinken.«

»Wem ihnen?«

»Denen, die dort unten sind, Biagino.«

»Ich weiß nicht, wer da unten ist.«

»Die Toten.«

»Die Toten?«

»Sie gibt den toten Seelen zu trinken, sie werden ihr dankbar sein.«

2011

Die Pest

Mimi hatte sich den Kragen bis zu den Ohren hochgeschlagen wie ein Kind. Der Maestrale war zu einem beißend scharfen Schirokko geworden, und über den Himmel zog ein finsteres Gewölk. Sie stand auf dem Dach, um ihren Finger drehte sie den türkisfarbenen Ring, den der geheimnisvolle Musikant ihr geschenkt hatte, als sie ein kleines Mädchen war. Ein paar Tage bevor die Protestaktionen begannen, hatte sie ihn in einer Lindenholztruhe gefunden. Nun trug sie den Ring mit dem deutlichen Gefühl, ein Amulett am Körper zu haben, einen kostbaren, außergewöhnlichen Gegenstand, von dem man Zaubereien verlangen konnte.

Die Krawattenfabrik mit ihrer großen Werkshalle lag dort, wo die Schnellstraße zum Meer hinunterführte. Weiter im Landesinneren verschanzte sich das Städtchen Tricase auf dem Tuffsteinhügel, der nach Osten blickte. Vom Dach aus sah Mimi die zum Meer abfallenden Gärten und Olivenhaine und einen in der Ferne aufragenden, von Schnepfenschwärmen umhüllten grünen Punkt, die gewaltige Wallonen-Eiche. Der Baum war ungeheuer groß und beeindruckend, er stand mitten in einem Eichenwald, Mimi war als Zwanzigjährige mit verschiedenen Liebhabern dort gewesen, von denen ihr keiner in Erinnerung geblieben war, sie hatte versucht, den Stamm der großen Eiche zu umarmen, und dann ihre Freunde aufgefordert, es mit ihr gemeinsam zu tun, dabei versuchte sie, deren Hände zu streifen. Es war ihr nie gelungen, die Arme ihrer Männer waren zu kurz. Ihr wurde bewusst, dass sie nur kleine Männer geliebt hatte, Männer, die unfähig waren, eine Eiche zu umarmen.

Das Wellblechdach, auf dem Mimi stand, sah aus wie das Bühnenbild des bewegten Meeres für eine Schultheateraufführung. Seit drei Tagen aß sie Trockenobst, trank heiße Milch, Kaffee und schwarzen Tee aus Thermosflaschen, die mit einer Winde von unten hochgezogen wurden. Dort oben, gut zehn Meter über dem Erdboden, hatte Mimi einen Kampf begonnen. Auf dem Papier war es eine der vielen »aufsehenerregenden Protestaktionen«, die in Italien für einen heißen Herbst sorgten. Nur noch wenige Tage, dann war Allerheiligen und Allerseelen, Festtage, an denen alle Orte sich mit Menschenströmen und dem Rauch der Kamine füllten. »Ich bin bereit, bis Weihnachten hier oben zu bleiben«, sagte sie zu denen, die sich mit ihr auf dem Dach abwechselten, doch in ihrem Herzen dachte sie: »Ich würde auch für immer hier bleiben.« Ihre Kolleginnen wechselten einander ab, respektierten die Schichten, die festgelegt worden waren, als sie die Demonstration organisiert hatten. Die Direktion in der Zentrale plante, alle Betriebe in Italien zu schließen, um neue Fabriken in Indien und Rumänien aufzumachen. Wer weiterhin für die Good Tie arbeiten wollte, konnte das gerne tun, aber er würde die Koffer packen und nach Mumbai oder Temeswar umziehen müssen. Der neue Geschäftsführer war ein fünfundvierzigjähriger Mann mit dem Auftreten eines sympathischen Kumpels, der gelegentlich Joints raucht, alles andere als ein grausamer Kopfjäger im Nadelstreifen; er war zwar nie von Rom bis nach Tricase heruntergekommen, hatte sich aber in Interviews mit den Lokalzeitungen recht gesprächig gezeigt und Erklärungen abgegeben, die er aus Handbüchern des Zynismus für jene Emporkömmlinge gelernt hatte, die auch als Bosse Parvenüs bleiben: »Wir werden eine Lösung finden, die unsere Gesprächspartner nicht unbefriedigt lässt ...«.

Remo Frassino war der Gewerkschaftsbeauftragte. Der Mann ohne Eigenschaften, eine warme, volltönende Stimme, Spitzbärtchen und Kahlkopf. Er war über die Eisenleiter hinaufgestiegen, um den Demonstrantinnen ein paar Genussmittel zu bringen und mit ihnen zu sprechen. »Die Frauen auf den Fabrikdächern« hießen sie in den Überschriften der Zeitungsartikel.

Remo sah Mimi nicht an, er blickte Menschen selten ins Gesicht. Schwere Lider fielen ihm halb über die Augen.

»Du auch?«, sagte er, ihrem Blick ausweichend.

»Ich auch.«

»Mimi, es sind genug Frauen da. Du bist jetzt seit drei Tagen hier oben.« Und er zeigte auf eine Gruppe junger Frauen.

»Was wissen die Ärmsten schon, ich arbeite seit dreißig Jahren bei den Krawatten.«

»Mach ihnen Platz.«

»Ich bin für mich selbst hier oben, und ich bleibe die ganze Nacht, hier ist mein Leben, ich werde für immer hier oben bleiben, wenn sie diese Fabrik schließen. Ich bin in den Fabriken geboren und aufgewachsen, mich schmeißt du nicht raus.«

»Mimi, es ist doch zwecklos, hier die Hauptrolle spielen zu wollen.«

»Ich demonstriere, der Rest ist …«

»Du bist verrückt, Mimi.«

»Bring mir ein paar Dosen Gemüse und ein bisschen frisches Obst, viele Decken und Brennstoff für die Öfchen, das brauchen wir hier.«

»Du brauchst es.«

»Ich brauche es, ja, ich brauche es. Ich bezahle für meinen Gewerkschaftsausweis wie alle hier, dann werde ich doch wohl ein paar Rechte in meiner Gewerkschaft haben, oder muss ich auch dort ein Dach besetzen, um gehört zu werden?«

»Ja, sprich ruhig im Singular, denn wenn du hier oben festwächst, wird keiner bei dir bleiben wollen …«

»Keiner hat Mumm, das ist die Wahrheit, Remo, keiner zwingt die Frauen, ein paar Stunden zu bleiben, sie können tun, was sie wollen, ich will jedenfalls bleiben, und wenn ihr das nicht wollt, müsst ihr mich mit Gewalt wegtragen.«

Ihre Stimme war lauter geworden, wer unten am Boden vor der Fabrik stand, konnte hören, dass auf dem Dach eine Auseinandersetzung stattfand. Mit besorgter, aber auch beleidigter Miene brach Frassino das Gespräch ab und verschwand auf den Stufen, die nach unten führten.

Ihr ganzes Leben lang hatte Mimi sich unter Betten oder unter Bänke geflüchtet, sie hatte immer geglaubt, das sei der richtige Unterschlupf, um den seligen Frieden der Vorfahren zu spüren, weil man ihn nur an sicheren Orten fühlt, wo man frei atmet und beruhigt die Augen schließen kann. Immer hatte sie unter einem Bett, unter einer Bank, unter einem Tisch Schutz vor etwas Bösem gefunden. Immer hatte sie von den toten Seelen, denen sie zu trinken gab, Rettung erfahren, denn ihr Heimatboden besteht aus guten Geistern, sie verwandeln sich in Fossilien und Steine, sie suchen einander und fügen sich zu Megalithen und *pajare* zusammen, ihren Ursprüngen zu Ehren.

Doch jetzt fühlte Mimi, dass die Regeln sich verändert hatten: Jetzt musste sie auf ein Dach steigen, auf das »ternitti« der Fabrik, um gegen den unsichtbaren Feind eines ganzen Lebens zu kämpfen.

Als sie dort oben, in kratzende Wolldecken gewickelt, einfache Speisen aß und ihre Notdurft in Chemiebeuteln verrichtete, hatte sie verstanden, dass dies ihr Platz war. Nicht von einem Dach beschützt, sondern auf einem Dach, im direkten Kontakt mit dem Himmel. Der Himmel aber war in jenen Tagen ein böser Himmel, aschgrau und düster, er spendete nicht einmal den Trost des Regens. Die Felder starben, die Wälder waren ohne Tau, und ihnen fehlte der Duft der Pilze, die normalerweise in den Herbsttagen den Waldboden sprenkelten. Fern waren der Sommer, die Wärme der Küste, die Feuer von San Vito über dem Meer von Tricase Porto, der magische Schatten der roten Villen des Salento und die mit Lichtern bestickten Hügel.

Der Sommer war vergangen, aber er hatte Ippazio gequält.

Es war keiner jener Sommer mehr, in denen das Meer kräftigt, dieser feine Salzschleier in der Luft, der die Haut zwickt, dich aber dann aufleben lässt wie ein vom Himmel fallender fruchtbarer Schlamm. Im Lauf der Jahre hatten sich Ippazios Sommer verändert, die Hitze war wie eine Folter, der Durst, der Juckreiz waren Vorboten eines Höllenfeuers, das aus dem Untergrund kam. Patis Haut war nicht mehr dunkel, lehmfarben, sondern blass wie der Sand am Strand. In seinen tiefen Augenhöhlen las man die Jahre in der Ternitti. Das Institut für medizinische Forschung hatte prognostiziert, dass die italienischen Matrosen, Fabrikarbeiter und Bergleute, die zwischen dem Ende der sechziger und dem Beginn der achtziger Jahre mit Asbest und Chrysotil zu Tisch gesessen hatten, bis zum Jahr 2015 erkranken würden.

Pati hatte wirklich geglaubt, er sei noch einmal davongekommen. Er fühlte, dass er ganz kurz vor der Rettung gewesen war, aber dann hatte er doch nicht genug Zeit gehabt, der Husten mit teerartigem Auswurf kündigte an, dass die Krankheit auch ihn eingeholt hatte.

Er war zurückgekehrt, um für immer in seiner Heimat zu leben, und hatte sich in Novaglie niedergelassen, an einem Ort, wo das Meer eine Bucht bildete, hier war das Wasser still und klar, es roch nach Torf, und im Herbst schwammen Lavendelzweige und wilde Beeren auf dem Wasserspiegel der Bucht. An manchen Tagen ging er nicht einmal in den Ort, die Stadtgeräusche und das Glockengeläut, das in Italien nie aufhört, bedrückten ihn; er fing Krebse und Anglerfische und röstete sie an Stöcken wie ein Gefangener auf der Flucht (und er empfand diesen Zustand als den einzigen, den er mit Würde tragen konnte). In seinem primitiven Lebensstil erkannte er einen präzisen Sinn: Buße.

Oft dachte er über den Tag nach, den er auf einer Luftmatratze zwischen den Wellen verbracht hatte, mit Mimi, der Frau, die ihm eine letzte Möglichkeit der Wiedergutmachung geben wollte, er sollte Mut zeigen. In seiner Liebesgeschichte hatte er nie welchen gehabt, bei tausend anderen Gelegenheiten hatte er ihn bewiesen, denn auch versunken in Stille und Einsamkeit am Meer zu leben, erfordert Leidenschaft und Mut. Doch was Mimi betraf, ja, das stimmte, da war er ein Feigling. Nicht wenige Einwohner von Novaglie hatten sich verpflichtet gefühlt, ihm etwas über seine erste Freundin zu erzählen: »Pati, hör auf mich, du hast Glück gehabt, dass du die Finger von ihr gelassen hast«, das war die Quintessenz der Botschaft, die von Mund zu Mund ging. Gemeint war die Behandlung, die Mimis Männer wegen des Charakters dieser unbezähmbaren Frau allesamt erfahren hatten. Die Beziehung zu Mimi funktionierte wie die chinesische Wasserfolter: Anfangs tat es nicht weh, war erfrischend wie Tau, aber dann wurden die Tropfen zu Blei.

Pati hatte sich nie gegen die Leute gewehrt, die Mimis Namen mit einem Satz, einer Anekdote oder einem Gesichtsausdruck ankratzten, er hatte sich einmal mehr hinter seinem Schweigen verschanzt, doch das war nichts anderes als ein verzweifelter Selbstschutz. Viele Male hatte er sein Schweigen bereut. Und er hatte es bereut, dass er seine Frauen ihrem Schicksal überlassen hatte. Mimi, Arianna, aber auch Franca, die er vor ein paar Monaten eines Morgens mit einem schlichten Zettel verlassen hatte, auf dem geschrieben stand: »Such nicht mehr nach mir.«

Einen Satz zu schreiben, der mit wenigen Silben ein jahrelanges Zusammenleben auslöscht, das muss reiflich überlegt sein. Nein, das stimmt nicht. Es war ein unbedeutender Vorfall, der Pati dazu bewog, eines Morgens stand er mit Franca auf der Rolltreppe in einem Einkaufszentrum in Zürich. Dieses Zentrum war ein futuristischer Bau mit meterhohen Zwischengeschossen, eine ungeheure Kuppel aus Glas überragte das Atrium, in das die Gummischlange der Rolltreppe mündete. Das Förderband war lang und steil, und kaum stand Pati darauf, packte ihn eine unbezwingliche Lust, mit Riesenschritten über das Band zu laufen. Ein infantiler Impuls, der die Kindereien aus der Zeit der Ternitti wachrief, als Pati Figuren in den weichen Zement zeichnete. Doch während er über die Treppe rannte, hinter sich Franca, die viel langsamer vorankam, spürte er eine Enge in der Brust, sein Atem stockte, die riesige Glaskuppel schien auf ihn zuzukommen, und ein Schwindelanfall packte ihn, gefolgt von einem ungewohnten Schweißausbruch, der seine Haut benetzte.

Es war der erste Auftritt der Krankheit, der Husten sollte in den nächsten Tagen folgen, doch Pati hatte bereits die klare Empfindung der Krankheit und des Todes. Das Unwohlsein trübte seinen Verstand, es warf ihn zu Boden, die Stimmen, die ihn umgaben, wurden feindlich, und obwohl er inzwischen gut Deutsch sprach, konnte er nicht verstehen, was Franca zu ihm sagte, auch all die anderen Worte nicht, die die Leute ringsum sprachen, während sie versuchten, ihm zu helfen, denn am Ende der Rolltreppe war er gestürzt.

Pati hatte oft an diesen Anfall zurückgedacht, an den Nebel aus Gesichtern und unverständlichen Worten, an Francas Sprache, die er nicht mehr verstand, an die Gefühle, die erkaltet waren, und seine erste Liebe war zu ihm zurückgekehrt wie eine begrabene Verlockung. Er wollte nicht fern von seiner Erde sterben, von ihren Fossilien und ihrer Sprache; Mimi repräsentierte die Welt vor der Ternitti, die Zeit, bevor er von der Hybris eines Materials erfahren hatte, das Eternit hieß wie die Ewigkeit, sich aber nicht für fehlbare, äußerst sterbliche Menschen eignete, und für das Tausende von Männern einberufen worden waren.

Pati verließ Franca ohne Erklärungen, weil er sein Leben als Einberufener ohne Erklärungen verließ und beschlossen hatte, von nun an für immer als Heimkehrer zu leben.

Man muss bei der Verwirrung in Ippazios Innerem anfangen, bei seinen Versäumnissen, und durch die Krankheit hindurchgehen, die ihn umschlungen hielt. Durch das Rippenfell um die Lungen, das sich verdickt und zur Speiseröhre hin vergrößert hatte, einen unstillbaren Nachtdurst auslösend, eine biblische Plage, die Verdammnis des Menschen, der nicht den geraden Weg genommen hat, um sich vom Strom mitziehen zu lassen. Man muss durch das Schuldgefühl hindurch und durch ein weiteres Gefühl, das der Unausweichlichkeit.

Pati war nunmehr besiegt. Sogar aus dem Bett zu steigen war ein grausam schmerzhaftes Unterfangen, fast so schmerzhaft wie ein anderes grässliches Symptom: Niesen, bei einem unschuldigen Niesen fuhr ein Krampf durch seine verbliebenen Muskeln wie eine Explosion. Und er fühlte, dass seine Eingeweide sich verhärteten.

Das ist die Pest.

Die Pest ist ein demokratisches und zuverlässiges Leiden, es gibt keine Rettung, man teilt sie mit Verbündeten wie mit Feinden. Die Asbestose war eine undemokratische Pest, sie hatte die Unglücklichen getroffen, die mit Asbest gearbeitet hatten, nicht aber ihre Arbeitgeber, die davongekommen waren, doch sie war trotzdem eine Pest, denn die Pest teilst du mit anderen, du weißt, dass sie deinen

Kameraden, deinen Nachbarn befallen wird, sie wird kommen ohne Rettung, auch zu dir, und sie setzt dir eine präzise Frist.

Pati fühlte sich wie einer jener Männer, die in den antiken Kulturen lebendig in Brücken eingemauert wurden, zusammen mit Tieren, um die Götter gnädig zu stimmen. Gibt es so grausame Götter? Vielleicht ja, wenn es solche Bräuche gab und immer gegeben hat. Vielleicht ja, wenn es den Asbesttod gibt, der dich zwingt, schnell zu entscheiden, was du von dir zurücklassen willst, zu bestimmen, wie die exakte Partitur der letzten Jahre deines Lebens und des Lebens aller Menschen, mit denen du aufgewachsen bist, aussehen soll. Außerdem ist die Pest Einsamkeit, das Ausweichen derjenigen, die dich auf ihrem Weg erblicken, Distanz wahren, die Quarantäne eines Lazaretts.

Durst, Husten, Juckreiz, Halsschmerzen, Blut im Mund wie ein Schwindsüchtiger, die ganze Nacht lang hatte es heftige Windstöße gegeben. Die Rollläden hatten geklappert, die Spalten gepfiffen, die starken Böen des Schirokkos hatten laut auf das Wellblech getrommelt, das als Dach über der kleinen Veranda lag. Der Tagesanbruch war ruhig, die Luft klebrig, das Meer aufgewühlt und schlammfarben, ein fruchtbarer Schlamm, der die Kornfelder nährt und die Albträume der ganzen, zwischen Wachen und Grauen verbrachten Nacht mit sich reißt.

Die Nachricht hatte auch ihn erreicht, die Frauen auf dem Dach der Fabrik hatten den Dorfklatsch besetzt, waren auf die Tageszeitung der Region übergegangen und hatten schließlich sogar einen Bericht in den Fernsehnachrichten erobert.

Vom Herbstwind geschüttelt, wechselten die mutigen Frauen einander ab, eine aber, eine einzige, die Älteste von allen, ließ sich nicht auswechseln. Den Unbilden des

Herbstes im Salento trotzend, blieb sie an ihre innersten Überzeugungen geklammert.

Auch sie trug eine besondere Pest im Leib, unübertragbar wie die Asbestose, doch ebenso tragisch, denn sie würde die Frau in ihre Einsamkeit führen. Die Pestkranke war das ewige junge Mädchen, es war Mimi.

Ippazio zögerte einige Zeit, bis er sich entschloss, aber dann fand er das, was er suchte, und belud das Auto, die Sachen versteckte er unter einer sackleinenen Decke. Lange hatte er über das nachgedacht, was er jetzt tun würde, und es war nicht mehr aufschiebbar. Er fuhr über Nebenstraßen voller Windungen und mit vielen Schlaglöchern, über die ungepflasterten Triften, die Weinberge, schließlich bog er wieder in die Schnellstraße ein. Er nahm sich Zeit, damit versuchte er, auch noch den letzten Zweifel zu begraben. Die Frau, die er in der Schweiz zurückgelassen hatte, seine nie gewollte Familie, seine Spur aus Zaudern und Ängsten.

Am Ortsschild von Lucugnano bemerkte er, wie gespenstisch das Dorf in den Wintermonaten war. Das Kastell auf der Piazza war in einen milchigen Dunst gehüllt, die Birnbäume kahl, und von den weißen Häusern stiegen graue Rauchstreifen auf, das einzige Haus, dessen Schornstein nicht rauchte, war das Haus der Orlando. Der kupferne Hahn auf dem Dach blickte nach Süden, auf der Schwelle der Eingangstür standen zwei in bunte Schals gewickelte Gestalten, eine hielt einen Schirm in der Hand, der überflüssig sein würde. Seit dem Frühsommer hatte es nicht mehr geregnet, und wenn der Schirokko nicht aufhörte, würde niemals Wasser herunterkommen. Ein Regen, der seit Monaten beschworen, für den inbrünstig gebetet wurde. Einige Priester hatten eigens Messen gegen die Trockenheit gefeiert. In der Kirche der Kapuziner in Tricase waren Fackeln zu Ehren des heiligen Domenico angezündet worden. Jeder Ort hatte sich um seinen Schutzheiligen versammelt: Biagio, Vito, Ippazio, Nicola, Rocco und Domenica;

außerdem war die Statue der Madonna der Assunta in einer vom Bischof angeführten Prozession unter Bittgebeten und Anrufungen der Muttergottes aus der Stadt bis in die Serra getragen worden.

Vor der Eingangstür des Orlando-Hauses standen Arianna und Biagio, diskutierten lebhaft. Seit Mimis Umzug auf ein Dach war Arianna zur Hüterin des Bruders ihrer Mutter geworden. Von dem Ingenieur hatte sie sich getrennt, seither unterhielt sie eine kleine, aber bunte Schar Verehrer. Daher vermutete sie, dass das Auto mit dem Schemen eines Unbekannten am Steuer, das langsam vorbeifuhr, einem von ihnen gehörte. Sie konnte nicht wissen, dass Pati, ihr Vater, darin saß.

Er hatte erwartet, dass er ohnmächtig werden würde, wenn er seine Tochter wiedersah, Jahre nach dem zufälligen Treffen in Gagliano und dem leidvollen, feigen Wiedersehen an der Guardiola. Doch zu seiner Überraschung stellte er fest, dass er nicht aufgeregt war. Ein dunkler Bereich in seinem Inneren erstickte jede Rührung. Er fuhr um das Haus herum, ahnte, dass die beiden ihn bemerkt hatten, und das genügte, damit er ein unauffälliges Wendemanöver machte, sich wieder in die Schnellstraße Richtung Tricase einfädelte und mit einem Blick kontrollierte, ob die Sachen noch da waren.

»Natürlich hätte ich auch Biagio bei mir aufgenommen«, dachte er, während er auf der schnurgeraden Strecke zwischen Olivenwäldern den vierten Gang einlegte. Das Städtchen Tricase kam näher, am Horizont tauchten immer mehr Häuser auf, der Hügel breitete sich aus, umfing die Landschaft. Er fuhr durch den Ort, es gab wenig Verkehr, das Viertel Puzzu, die Altstadt, Piazza Pisanelli, über der drohend die gleichnamige dunkle Statue aufragte. An einem so grauen Vormittag wirkte sie wie die Karikatur eines über die Stadt wachenden prähistorischen Vogels. Aber dies war der Vater der Stadt, der Verfassungsrechtler, der Parlamentsabgeordnete, der liberale Minister, der wichtigste Mann in der Geschichte der roten Steine, aus denen die Altstadt bestand. Ippazios Auto schaukelte auf der Straße aus unebenen Pflastersteinen, die zur Küste hinunterführte. Er bog in das letzte Stück Weg ein, das ihn von seinem Ziel trennte, überprüfte noch einmal, ob die Sachen unter der Decke an ihrem Platz waren. Dann parkte er an einer Stelle, wo er sicher sein konnte, dass man ihn nicht bemerkte, im Hintergrund sah er eine Menschenmenge in warmen Mänteln, viele Autos. Er drehte sich um, öffnete den Behälter, der Gestank erfüllte das Wageninnere. Hastig schloss er den Deckel. Er hatte sehr wenig Zeit, um nachzudenken, um die Sache tatsächlich zu Ende zu bringen. Als er aus dem Auto stieg, trat er auf einen Teppich aus Eicheln, es waren die Früchte der Wallonen-Eichen, die die Einwohner von Tricase schon seit Jahrhunderten sammelten, um sie in aller Welt zu verkaufen. Diese Eicheln waren so lang wie Zigaretten und so breit wie Pinienzapfen und von einer dicken Rinde umgeben, aus der man das Tannin für das Gerben von Häuten gewann. Daraus wurden Schuhe, Lederwaren und Hüte gemacht. Wenn Tricase voller Fabriken war, dann waren daran auch die Eicheln schuld, über die Pati jetzt rutschte, mit seinen Sachen auf dem Rücken. Auch dass Mimi dort oben war, war die Schuld der Eicheln.

Wirre Gedanken gingen Pati durch den Kopf, er stellte unlogische Verbindungen her zwischen den Ereignissen seines Lebens und Mimis Leben, wieder einmal gab er einem äußeren Plan die Schuld, einem widrigen Schicksal, sogar den Eicheln.

Aber es war zu spät, um noch mehr Anklagen zu erheben. Wenn er aus der fernen Schweiz in den Salento zurückgekehrt war, dann auch um dessentwillen, was er jetzt tun würde.

Es war eine bunte Menge, die unten am Fabrikgebäude herumlungerte, um die Frauen auf dem Dach zu unterstützen. Journalisten der Lokalpresse waren da, ein paar Wirrköpfe, die üblichen Nichtsnutze und die Verwandten der demonstrierenden Frauen. Später würde auch Arianna mit Biagio ankommen, vielleicht. Doch am besten war schon vor ihrer Ankunft alles vorbei. Wenn der Vorhang vor dem Schauspiel fiel, bevor Zeit für Sinnesänderungen war, und noch bevor es sich in einen Erinnerungsfetzen verwandeln konnte. Er musste schnell sein. Niemandem gestatten, ihn von seinem Plan abzubringen.

Die Menge teilte sich und ließ sich von dem Mann, der den Behälter trug, durchqueren, drängte ihn bis zur Schwelle des Notausgangs, wo eine eiserne Leiter aufragte, die direkt aufs Dach führte, um vor einem wie zubetoniert wirkenden Durchlass zu enden.

Im Geflüster der Leute gab es Fragen: »Ist das nicht Pati? Ist er etwa wieder mit Mimi Orlando zusammen?« Der kleine Blechbehälter, den Pati auf dem Rücken trug, war für Milch bestimmt, doch auch Lebensmittel und zubereitete Speisen wurden damit transportiert, manchmal sogar Kleidungsstücke.

Nach der ersten Leitersprosse packte ihn eine Art Schwindel. Er war krank, aber er musste es zu Ende führen, als er sich auf die zweite Sprosse wagte, spürte er, dass die Leiter schwankte, sie gab die metallischen Laute der Sistren von sich, die durch das ganze Gebäude hallten. Frassino kam ihm entgegen, fragte, wer er sei, niemand dürfe hinaufsteigen.

»Ich habe Mimi etwas zu essen gebracht.«

»Mimi hat alles.«

»Ich bin der Vater von Arianna, ihrer Tochter, ich lasse Mimi ein paar Sachen da, und dann verschwinde ich. Es ist kalt, sehr kalt, ich bringe ihr nur das Essen und komme sofort wieder herunter.«

»Ja, aber machen Sie schnell und lassen Sie sich so wenig wie möglich blicken, es sollen Fernsehaufnahmen gemacht werden.«

Ippazio stieg noch ein paar Sprossen höher, als er merkte, dass er allein war und von allen entfernt, begriff er, dass der Moment gekommen war.

Remo Frassino hatte sich unter die Wartenden gemischt, um zu fragen, ob jemand den Mann kannte, der nach oben gestiegen war. Er war erleichtert, als er die Leute erzählen hörte, wer der Mann war, und jeder fügte etwas Würze hinzu: »Wollen wir wetten, dass sie sich wieder zusammentun?«, »Ach, was redest du da, er hat doch noch nicht mal die Tochter kennengelernt!«

Ippazio war unterdessen auf der Schwelle zu der Tür angelangt, die aufs Dach führte. Von dort sah er zwei Frauen mit Schals um den Hals, eine entrollte ein Spruchband der Länge nach, die andere säuberte einen kleinen Kochtopf mit Wasser aus einer Flasche. In ihren eifrigen Verrichtungen waren sie theatralisch, es war, als hätte man ihnen gesagt, dass sie sich so verhalten sollten.

Von Mimi keine Spur.

Ein Journalist hatte darum gebeten, mit den Frauen sprechen zu dürfen. Remo Frassino hatte ihn zurückgehalten. »Wenn die Verwandten herunterkommen, kann es losgehen.«

Der Geruch des Benzins.

Zusammen mit dem Wind stieg er den Frauen in die Nase.

Er durchtränkte die Treppen, die Mauern, jeden Winkel des Ternitti. Er breitete sich aus.

Die beiden jungen Frauen, die bis jetzt die Rollen der mutigen Heldinnen auf dem schmalen Grat einer Schlacht gespielt hatten, sahen sich erschrocken an: »Riechst du das auch?«

Das war er.

Von Benzin triefend kam Ippazio über das Dach auf sie zu, der Himmel war inzwischen zu einer kompakten schwarzen Decke geworden, die drohend und schwer auf die Köpfe zu drücken schien. Mimi schlüpfte aus dem Zelt, in dem sie ausruhte, einen roten Schleier um den Kopf, der plötzliche Gestank hatte ihre Aufmerksamkeit erregt, ihr Gesicht trug einen neugierigen und entschlossenen Ausdruck. Dann reagierten ihre Synapsen schnell, formten das Mosaik dessen, was geschehen war und getan werden musste.

»Lauft sofort nach unten, Mädchen.«

Die beiden ließen sich das nicht zweimal sagen.

Fette Krähen hatten sich auf die Stangen einer Antenne gesetzt, um die Begegnung zwischen Pati und Mimi zu überwachen.

»Mimi, meine Liebste, wenn ich hier verbrenne, erhalten sie vielleicht euren Arbeitsplatz«, schrie er mit einer Stimme zwischen Weinen, Angst und einer Kraft aus ferner Vergangenheit, die ihr Echo sehr weit trug. Eine Vogelscheuche aus tropfnassen Kleidern, die Haare mit Benzin verklebt, das Gesicht von tiefen Falten durchzogen, so ging er auf das ewige junge Mädchen zu, die Pestkranke des Ortes, die sprach, wenn sie allein war, mit den toten Seelen und Vorfahren.

Wie versteinert starrte sie ihre erste Liebe an, diesen von einem Dämon der Sühne, der Rache, vielleicht des Grolls besessenen Mann. Was steckte hinter dem unbedachten Verhalten des Vaters von Arianna, ihrer Tochter? Der Junge, der von weitem einem indischen Prinzen glich, der mit einer Schaufel über die schmalen Stege zwischen dem Blauasbest flog. So hatte sie ihn in all den Jahren der Abwesenheit immer vor Augen gehabt. Ein Seiltänzer, ein dunkelhäutiger Akrobat, ein leichtfüßiger Mann, der sich vielleicht wegen seiner allzu großen Leichtigkeit vom Leben der Domenica Orlando, der sperrigsten Frau des Salento, ferngehalten hatte.

Da du nun also gekommen bist, um Mimi Orlando auf ihrem eigenen Gebiet herauszufordern, fürchte dich auch nicht vor den Folgen deiner extremen Handlungsweisen, sondern gehorche nur deinen innersten Überzeugungen, deinen Gefühlen. Leg Feuer an dich, Pati, wenn du den Mut hast, fang Feuer, komm hierher als menschliche Fackel. Mach ein Ende wie die echten Akrobaten, vor den Augen des Publikums und unter den Tränen deiner Liebsten. Los, Pati, mach Ernst, du hast dir doch Streichhölzer in der Tasche mitgebracht. Du hast kein Mitleid mit der Liebe zu Mimi gehabt. Streichhölzer, das Werkzeug eurer Verführung, eurer Wiederannäherung und eurer erneuten Entzweiung. Und nun?

Aber bei einem großen Finale braucht es keinen guten Geschmack, was zählt, ist, dass man zur Tat entschlossen ist und eine winzige Botschaft hinterlässt, ein Symbol, das von Hand zu Hand, von Auge zu Auge gehen kann, die Spur der Vergangenheit.

»Brenne. Dann brenne doch, sei konsequent«, dachte Mimi. Aber sie schämte sich für den flüchtigen Gedanken, wie damals vor Jahren, als sie Arianna eine Ohrfeige geben wollte und es nicht konnte. Die Verwirrung trübte den Blick, lähmte die Zunge, kein Wort konnte ausgesprochen werden, der Wind hatte sich gelegt, und die Krähen auf den Stangen der Antennen hatten sich wieder in die Luft erhoben.

»Meine Liebste, du wirst mich brennen sehen.« Noch nie war es so schön, Meineliebste genannt zu werden, Meineliebste in einem einzigen Wort, das nach Salz, nach Zucker, Zedratzitronen und Milch, nach allen Aromen schmeckte, die in den Gaumen aufsteigen, unter die Zunge, zwischen die Zähne.

Pati zog eine Schachtel Streichhölzer aus der Tasche. Er schüttelte sie, damit man hörte, dass sie voll war.

Das Entsetzen hatte ihre Gesichtsmuskeln gelähmt, im Mund spürte sie den Geschmack nach Blut von einem Schnitt in der Zunge.

»Ich habe nichts zu verlieren, der Asbest hat auch mich erwischt, aber ich werde als Mann sterben, ich sterbe ehrenvoll, ich werde meiner Frau Ehre machen.« Ippazio zog das erste Streichholz heraus und rieb es am Schleifpapier der Schachtel. Doch sein Eifer ließ den Schwefelkopf abbrechen. Er zog ein weiteres hervor, es schien feucht geworden zu sein, er warf es weg. Ein drittes, er blies es trocken. Er war bereit, es anzuzünden.

Arianna und Biagio waren gerade in dem Moment angekommen, als die beiden Frauen in großer Hast vom Dach gestiegen waren. Die Frauen schlugen Alarm, auf dem Dach sei ein mit Benzin übergossener Mann, der sich anzünden wolle. Frassino gebot Ruhe, niemand dürfe nach oben, bevor er nicht mit einer Amtsperson hinaufgegangen sei. Ein junger Streifenpolizist mit Schokoladenaugen und Augenhöhlen, die ein Meister der Radierung gezeichnet hatte, bot sich an: »Den Pati kenn ich, er hat mit meinem Vater in der Ternitti gearbeitet.« Arianna mischte sich ein, packte den Polizisten am Arm: »Ich kenne Pati nicht, aber er ist *sirma*, mein Vater.« Wenige Augenblicke später waren sie auf den Metallsprossen der Leiter und kletterten rasch aufs Dach, stechenden Benzingeruch in der Nase.

Pati strich jetzt das dritte Streichholz an.

Mimi hob den Kopf zum Himmel, als wollte sie ihre toten Seelen, ihre Vorfahren anrufen; sie hatte keine Zeit zu beten, sonst hätte sie es getan. Wie oft hatte man ihr gesagt, sie sei eine *macara*, eine Hexe, die verzaubern konnte. Eine Beleidigung, aber auch eine schmeichelhafte Bezeichnung. Nie zuvor hatte sie sich so sehr gewünscht, wirklich eine Hexe zu sein. Dem Dorfklatsch glauben zu können.

Wer die Szene von unten beobachtete, konnte das Drama nicht wahrnehmen, die Erregung nicht erkennen, aber auch nicht das sehr alte Band, das die Absichten der beiden Hauptfiguren miteinander verknüpfte. Sie bewegten sich wie zwei Marionetten, deren unsichtbare Fäden jeweils vom anderen gehalten und gezogen wurden, Mimi wartete auf einen Wink, und Pati wiederum wartete auf einen Satz, ein Lob oder die Vergebung.

»Wirf die Schachtel weg, Pati.«

»Nein, Mimi, verbrannt bin ich dir nützlicher.«

»Das ist zu leicht.«

»Es gibt keinen anderen Weg für mich.«

»Um was zu erreichen?«

»Um Frieden zu haben.«

»Deinen Frieden? Wie ist es bloß möglich, dass du immer und ausschließlich an dich denkst, Pati? Was ist passiert? Sagst du mir endlich ein für alle Mal, was dir Angst macht? Du bist hierher zurückgekommen. Welchen Frieden suchst du?«

»Vielleicht versuche ich, keine Angst vor dir zu haben.«

»Hab keine.«

»Eines weiß ich jetzt sicher. Ich habe keine Angst zu sterben, und wenn es jetzt passieren würde, wäre ich glücklich.«

Die Anspannung in Patis Nerven löste sich, der Satz kam heraus wie ein Geständnis, der Ausbruch eines Verzweifelten.

Und während er sprach, sah Mimi den akrobatischen Prinzen wieder vor sich, sie sah ihn in der Nacht ihrer ersten Begegnung in den Waschräumen einer ehemaligen Fabrik, umgeben von den zitternden Flämmchen der Streichhölzer. Sie konnte nicht zulassen, dass dieselben Flämmchen sich ihr größtes Glück wieder zurückholten. Da zerplatzte, genau in dem Moment, in dem der Zugang des Gedächtnisses zu sehr weit entfernten, wunderbaren Gegenden sich unvermutet wieder auftat, der erste Tropfen auf dem Boden, kraftvoll, dem Strömen eines Gebirgsbachs vergleichbar, dann zwei, dann drei, schließlich wurde der schwarze Himmel weiß, das Sprichwort sagt »Cielu ca lusci acqua annusci«, Himmel, der leuchtet, kündigt Wasser an.

Die Heiligen hatten das Wunder vollbracht.

Festlich erleuchtet war der Himmel, erfüllt vom Widerschein der Lichtbrechung, als würde im ganzen Salento, in der ganzen Welt der Tag der heiligen Domenica gefeiert.

Sturzbäche ergossen sich auf die Erde. Nach Monaten, in denen die Lebenssäfte der Menschen vertrocknet waren wie die Felder, die roten Böden, die braun verkrustet und verhärtet, mit totem Laub bedeckt zu den Küsten abfielen. Endlich Wasser. Am Fuße der Fabrik öffneten sich viele rote, gelbe, schwarze, weiße Schirme, eine Wiese aus Plastik und Stoff erstreckte sich bis zum Horizont.

Der Regenguss trug den Hunger mit sich fort, den Durst und die Plagen. Der Regen reinigte, es war ein harter Regen, der wütend auf alle Flächen trommelte und die Kanäle füllte. Riesige Pfützen breiteten sich in der Stadt aus, weil das

Wasser die Seen ansteigen ließ, die Flüsse reißend machte und das Meer in einen schwarzen Dunst hüllte. Das Wasser löste die Streichhölzer auf und wusch das Benzin ab. Das Wasser entschied.

Mimi blieb reglos, aber ein weißes Lächeln zeichnete sich auf die Leinwand ihres Gesichts. In diesem Moment tauchte Arianna auf dem Dach auf, gefolgt von einer Schar Unbekannter und ganz hinten Biagino mit der Miene des Wissenden.

Mimi suchte Patis Augen und stellte ihre Frage.

»Bleibst du hier oben bei mir?«

Das Schweigen dauerte wenige Sekunden.

Das weiße Lächeln verwandelte sich in ein lautes Lachen, und die Streichhölzer wurden in Patis nassen Fingern zu einem Brei. Er war nicht mehr Pati, der Nebel verschwand aus seiner Brust wie das Benzin aus den Kleidern. Manchmal erbt man die Bedeutung seines Namens und den Wert seiner Heimatorte, sie dringen einem so unaufhaltsam ins Blut wie eine Transfusion. Aber er erkannte, dass er eine Leidenschaft von Mimi geerbt hatte. Und Leidenschaft ist eine glückliche Ansteckung, ihr Keim wird von dem weitergegeben, den man liebt.

Sein Kopf troff vor Nässe, Rinnsale bahnten sich ihren Weg durch die Furchen des Gesichts, Tropfen für Tropfen, von der Nase bis zu den Lippen kam inmitten der Donner eine einzige mächtige Silbe heraus. Keiner konnte sie hören, außer Mimi, die lachte.

Von der Küstenstraße aus sah man die Blitze, Mimi betrachtete den türkisfarbenen Ring und sah, dass er die Farbe ihres Meeres im Sommer hatte. Beim nächsten Patronatsfest würde sie nicht mehr allein sein, und auch wenn das nur ein einziges Mal geschehen sollte, dieses eine Mal würde für immer an einem verborgenen Ort aufbewahrt werden, dem, wo auch alle toten Seelen waren, und es würde sein wie ein Fossil in der Erde, das nur ans Licht kommt, wenn es einen anderen Stein gibt, mit dem es sich zusammenfügen lässt.

Martina Franca,
28. Dezember 2010

Dank

Im Sommer 2006 habe ich mit der Konzeption dieses Buches begonnen. Im Dezember 2010 habe ich mit dem Schreiben aufgehört; mit dem Neuschreiben würde man, wie immer bei Romanen, niemals aufhören.

Das Buch spielt in Zürich; einige der geschilderten Begebenheiten beziehen sich auf die Asbestfabrik von Niederurnen im Schweizer Kanton Glarus. In dieser Fabrik haben zwischen 1960 und 1980 fast zweitausend Einwohner der Gemeinden von Capo di Leuca gearbeitet. Heute sind die meisten von ihnen verstorben oder krank. Nur ein paar Dutzend haben Pensionen und Unterstützung gefordert oder einen Prozess um Entschädigung geführt. Das ist der Grund, warum es keine offiziellen Daten für die größte stumme Tragödie der italienischen Arbeitsmigration gibt.

Vielen Menschen bin ich dankbar, weil sie mich in diesen Jahren beruflich und privat unterstützt haben.

Im Folgenden sind alle Personen aufgezählt, die Mimis Geschichte von Anfang an oder zwischendurch begleitet haben; all jene, die mir logistisch und verlegerisch, bei den Gerichtsakten und Umweltkarten geholfen haben. Es sind, in nicht allzu ungeordneter Reihenfolge:

Luciana Nicolì, Anna De Masi, Helena Janeczek, Antonella Gaeta, Pasqua Manfredi, Deborah di Bitonto, Serena Mingolla, Cinzia De Masi, Annalisa Marzocca, Margherita

Trotta, Nora Mercurio, Giulia Ichino, Camilla Verboschi, Alessandra di Pietro, Chiara Valerio, Laura Grandi, Laura Cerutti, Marika Desiati.

Alle beschriebenen Ereignisse, Orte und Personen sind real, doch willentlich durch die verzerrende Linse des Erzählers verwandelt, entbehren also der Wirklichkeit, nicht aber der Wahrscheinlichkeit. Die Namen und Nachnamen sind die gebräuchlichsten in den Orten Corsano und Tricase, die Spitznamen kommen aus meiner Heimatgegend. Alle objektiven historischen Daten wurden für die Romanhandlung und die Erzählung vom Schicksal der Domenica Orlando und ihrer Familie verändert.

Italienische Autoren bei Wagenbach

Ascanio Celestini Schwarzes Schaf

Ascanio Celestini hat den Irren zugehört, ihren Geschichten, ihren Wahrheiten, Phantasien und Geistesblitzen. Ein Liebhaber der schwarzen Schafe. Ins Irrenhaus kann man zufällig oder aus Versehen geraten. Ist einer schon verrückt, nur weil er mitten in der Sommersonne, wenn alle fröhlich sind, plötzlich in düstere Stimmung fällt? Wenn einer Angst hat im Dunkeln, manchmal auch am Tag? Was ist normal? Auf welch' dünnem Seil geht unsere Vernunft spazieren?

Aus dem Italienischen von Esther Hansen
Quartbuch. Gebunden mit Schutzumschlag. 128 Seiten

Stefano Benni Brot und Unwetter

Ein italienisches Dorf mit der unvermeidlichen Bar Sport, in der alle zusammenkommen: der Tierarzt, der Tankwart, der Gemüsehändler, die Frauen, der polnische LKW-Fahrer … natürlich allesamt Weinkenner und Philosophen – sie erzählen Geschichten, dass uns die Augen tränen vor Lachen.

Aus dem Italienischen von Mirjam Bitter
Quart*buch*. Gebunden mit Schutzumschlag. 288 Seiten

Paola Gallo/Dalia Oggero (Hgg.) A Casa Nostra

Junge italienische Literatur

Was haben sie uns heute zu erzählen, die jungen italienischen Autoren? Schreiben sie über politische Zustände oder ziehen sie sich ins Private oder Lokale zurück? Die spannende Bestandsaufnahme eines überfälligen literarischen und gesellschaftlichen Aufbruchs in ein anderes Italien.

Quart*buch*. Gebunden mit Schutzumschlag. 208 Seiten

Michela Murgia Elf Wege über eine Insel Sardische Notizen

Elf Wege zeigt uns Michela Murgia auf ihrer Insel, zehn plus einen, weil runde Zahlen nur für Dinge taugen, die endgültig verstanden werden können. Und das ist in Sardinien nicht der Fall.

Auf Sardinien gibt es Höhlen, in denen Hexen wohnen, es gibt Tote durch den Biss von Vampirfrauen und geheime Wasser, in denen der sich spiegelnde Mond die Zukunft und ihre Täuschungen enthüllt … Michela Murgia zeigt uns ihr Sardinien, das weit entfernt liegt von der Insel der Postkarten.

Aus dem Italienischen von Julika Brandestini
SALTO. Fadengeheftet. Rotes Leinen. 168 Seiten

Die italienische Originalausgabe erschien 2011 unter dem Titel *Ternitti* bei Arnoldo Mondadori Editore in Mailand.

Umschlaggestaltung Julie August unter Verwendung eines Ausschnitts aus *Dazwischen III*, © Sabine Dehnel. Gesetzt aus der Adobe Caslon Pro. Einband und Vorsatzmaterial von peyer graphic, Leonberg. Gedruckt auf chlor- und säurefreiem Papier (Schleipen) und gebunden bei Pustet, Regensburg. Printed in Germany.

ISBN 978 3 8031 3244 4